到宇宙去旅行

通往宇宙的窗口

走进世界著名天文馆和天文台

李元◎主编　　陈丹　郭霞　赵复垣◎编著

人 民 邮 电 出 版 社

北 京

图书在版编目（CIP）数据

通往宇宙的窗口 ：走进世界著名天文馆和天文台 / 李元主编 ；陈丹，郭霞，赵复垣编著. -- 北京 ：人民邮电出版社，2017.2
（到宇宙去旅行）
ISBN 978-7-115-43780-8

Ⅰ. ①通… Ⅱ. ①李… ②陈… ③郭… ④赵… Ⅲ. ①天文馆－世界－青少年读物②天文台－世界－青少年读物 Ⅳ. ①P1-28②P112-49

中国版本图书馆CIP数据核字(2016)第257007号

内容提要

天文馆和天文台是天文学作为一门学科以后的重要产物。天文馆是天文科普和成果宣讲的重要场所，天文台是天文观测和研究的重要场所。事实上，每个天文馆都有其历史背景，每个天文台都有其重要发现。掌握天文知识，破除迷信，最好的途径就是走进天文馆和天文台，从这里放眼宇宙。

本书通过对世界上具有代表性的著名天文馆和天文台的介绍，历数了天文馆和天文台的演变经历和发展变迁，展示了人类取得的重要天文成就，以帮助读者了解天文学的基本知识，是一本天文爱好者的入门读物。

◆ 主　　编　李　元
责任编辑　毕　颖
编　　著　陈　丹　郭　霞　赵复垣
责任印制　彭志环

◆ 人民邮电出版社出版发行　　北京市丰台区成寿寺路 11 号
邮编　100164　　电子邮件　315@ptpress.com.cn
网址　http://www.ptpress.com.cn

◆ 开本：700×1000　1/16
印张：11　　2017 年 2 月第 1 版
字数：190 千字　　2017 年 2 月北京第 1 次印刷

定价：39.00 元

读者服务热线：(010)81055410　印装质量热线：(010)81055316
反盗版热线：(010)81055315

谨以本书

献给把一生贡献给中国天文科普事业的李元先生

两个窗口　两种风光

人类探索和了望宇宙的窗口有很多，本书讲的是天文馆和天文台这两个窗口。天文馆的窗口是科普的窗口，天文台的窗口是科研的窗口，台和馆只是一字之差，但性质和形式大不一样。

天文台的窗口是用各种不同的仪器去观测天体的位置、形态、大小、光度、距离、构造和运动等。科学家通过长期工作积累的研究成果，构成了天文学的基础，描绘和解释了宇宙的面貌。

天文馆的窗口是把天文学研究的成果用生动、形象甚至是艺术的形式向广大群众进行传播。

现代的天文台多数建造在远离城市、远离光污染的地方，那里晴天多、空气洁净度高，观测星空有得天独厚的条件。世界上有各式各样的天文台分布在不同经度和纬度的地区，它们各自为政又互相协助，因为我们都生活在同一片星空下。

中国是世界上最早进行天文观测的国度之一，现在还保存着古天文台的面貌。中国现代天文台起步较晚，但新中国成立后发展迅速，中国设计和中国制造的天文仪器已经走在了世界的前列，直径500米的射电望远镜已成为世界之最。

大约90多年前，蔡司天象仪从研制成功并安装在德国天文馆里，到现在近一个世纪过去了，大中小型天文馆遍布世界各地。天文馆一定要建造在大中城市或校园中，它们要接近群众，才能向公众普及天文学知识。

人们从天文馆和天文台两个窗口可以看到两种不同的风光和景象。

本书从世界上千个天文馆和天文台中选择了具有代表性的典型台馆加以介绍。由于历史的原因，中国的天文馆事业始创于20世纪的50年代，现在，国内的大中小学校也有了各种天文馆和小型天文台，它们都为普及天文知识做着大量的工作。

已故著名科普作家　李元

目　录

天文馆小史

天文馆是向广大群众尤其是青少年学生普及天文学和太空科学知识的重要场所，是进行社会教育和配合学校教学的重要机构。天文馆是通往宇宙的窗口，它是宇宙的剧场，是科学之宫，是社会的大学，也是天文爱好者的乐园。

自1923年第一台天象仪在德国耶拿蔡司厂诞生，1925年第一座拥有天象仪设备的天象厅设施在德国慕尼黑德意志博物馆落成以来，天文馆事业已经走过了90余年的历程。

经过1926~1939年的初建期、第二次世界大战的重创期以及随后的恢复期，世界各国的天文馆迎来了人类进入太空时代以后的长足发展时期，20世纪60年代末和70年代初的“阿波罗”飞船登月前后，在欧美和日本等地，天文馆得到空前的发展，不仅大型馆在许多城市出现，而且中小型天文馆的发展尤为惊人。

20世纪90年代，计算机技术、信息技术、网络技术和视频技术的发展，已经完全改变了人们的生活，人类进入了信息化、数字化时代，而这也深刻影响着天文馆的表演手段和形式。

目前天文馆已经完成了由光学向数字化的转化，并进入了完全数字化的时代。但是，传统的光学天象仪并没有消失，在表演星空的真实方面，它仍然有着不可替代的作用。设备和表演方式多元化，这就是当前世界天文馆的现状。

天象仪和天文馆在英文中是同一个单词planetarium。这个词最初用来称呼一种能展示行星运动的机械模型——行星仪，现在用来指一种光学投影仪器，它把恒星、行星、太阳、月亮以及其他天文现象投影到半球状天幕，为人们演示星空。安置天象仪的屋子，甚至整个建筑和机构，也叫planetarium。在中文中，则分别译作天象仪、天象厅和天文馆。由此可见天象仪和天象厅在天文馆中处于“心脏”的位置。

今天的天文馆、天象仪和天象厅，已经远不是当年的概念所能表达的。大体上说，天文馆的“心脏”经历了机械模拟·光学投影式天象仪——天象厅、太空型天象仪——太空剧场和数字天象仪——数字宇宙剧场3个发展阶段。

◀哑铃型的天象仪构成了天文馆的心脏

第一阶段：机械模拟·光学投影式天象仪——天象厅

1923年鲍斯菲尔德发明的第一台天象仪称为蔡司Ⅰ型，1925年推出的对称哑铃型结构的大型天象仪，称为蔡司Ⅱ型。

第二次世界大战以后，蔡司光学工厂分为两家，耶拿的原厂属民主德国，设在联邦德国欧波同小镇的另一个蔡司厂也逐步建立，他们分别进行大型天象仪的改进和生产。耶拿蔡司生产出一系列不断改进的大型天象仪，最后为COSMORAMA型；欧波同蔡司沿用老蔡司型号，先后研制出Ⅲ型、Ⅳ型、Ⅴ型和Ⅵ型天象仪。

20世纪50年代后期，日本五藤光学研究所和美能达照相机株式会社（当时叫千代田光学精工）开始研制天象仪，不久就有了从大型到小型的天象仪系列产品。美能达天象仪与蔡司天象仪十分相似，是完全的哑铃型。五藤天象仪的布局有所不同，恒星球靠近中央，两端安装行星笼架，这种布局最早为美国莫里森天文馆的天象仪（美国加州科学院研制，仅制造1台）所采用，故称莫里森式。五藤和美能达是蔡司之外的另外2个机械模拟·光学投影式天象仪的供应中心。

从20世纪40年代起，美国斯匹茨公司（Spitz）制成针孔成像型天象仪，以低廉的价格，为美国和加拿大等地的天文馆发展创造了有利的条件。

机械模拟·光学投影式天象仪是用光学、电子和机械的技术真实地放映出肉眼看到的天文现象，它所依据的天文原理是哥白尼的太阳中心学说和开普勒的行星运动三定律。它的最基本的功能是可以演示任何一年、任何一天的任何时刻，在地球的任何地方，一位视力较佳的观测者，在良好的气象条件和无任何灯光干扰的较好环境下所看到的各种天象。

在早期的天象厅中，天象仪当然是主角，节目以星空解说为主，充分利用天象仪特别适于表演恒星的周日运动、岁差运动以及日月行星的视运动的特点，进行天球坐标、四季星空、天文导航和时间历法等天文学基础知识的讲解，其手段是天象仪加简单的幻灯投影，采用演讲的表现方式（由讲解员现场解说）。这是天象厅表演的第一阶段——星空解说阶段。

天象厅表演的第二阶段是专题节目阶段，即表演的题材已不仅仅局限于星空解说这样的天文学传统内容，而是深入到天文学的各个领域，尤其是发展异常迅猛的天体物理学、空间科学和宇宙航行的诸多方面，达到专题解说和表演的程度。

要实现这样的节目，必须借助于光、机、电等方面的技术力量和绘画、摄影、音乐等方面的艺术力量，来表现繁复的科学内容。这就需要一个构思良好的剧本；还要有一个能实施剧本内容，能协调、组织和领导各方面工作的导演。这就是说，天象厅表演已成为了一项系统工程。

第二阶段：太空型天象仪——太空剧场

1973年，一座打破老传统的新型天文馆在美国西海岸的航天工业城圣迭戈诞生了。

数字圆顶内的震撼表演

天象厅的圆顶不是水平的，而是与水平面成25° 角。哑铃型的天象仪消失了，代之以1.2米直径的单恒星球放映器和与之分离的一组行星放映器；恒星放映器与行星放映器之间的联系与配合不再依靠机械模拟的齿轮驱动系统，而是完全由计算机掌握和控制，计算机算出的天体间的任何关系，都可以通过恒星和行星放映器，投影到倾斜的天幕之上。

天象厅出现了一位与天象仪同样举足轻重的主角——带有鱼眼镜头的广角电影放映机，它放映的画面几乎达到半球形天幕的80%，故称之为球幕电影。坐在阶梯座座椅上的观众会产生一种特殊的感受：眼前和上下左右是一片茫茫的宇宙和无边的星海，观众仿佛是航天飞行中的旅客，柔美的光色，动人的音乐，甚至比航天员的所见所闻更加赏心悦目。

星空表演、球幕电影和其他多媒体所形成的综合效果实在惊人，可以说将过去天文馆的传统表演形式来一个根本性的改革，圣迭戈天文馆也有一个崭新的名称——太空剧场。

太空剧场的节目可分为两类，即球幕电影和多媒体节目。球幕电影容量极大，需要特别的摄影，费用较高，只有加拿大、美国、日本和欧洲的一小部分地方才能摄影和制作。

业务、绘画、技术力量强的太空剧场可自己制作节目，更多的太空剧场恐要向外部求助，为此，五藤、美能达、蔡司均设立相当规模的软件节目制作部，以满足越来越多的太空剧场的需要：或接受太空剧场的委托，按照其要求和目的制作节目；或制作通用节目，每年定期发表，形成相当规模的节目库，供太空剧场选择使用。五藤和美能达作为球幕电影供应商，每年拍摄3至5部1～2分钟的专题短片，供插入多媒体节目使用。

第三阶段：数字天象仪——数字宇宙剧场

太空剧场是现代天文馆发展的高级形式。共置于太空剧场之中的太空型天象仪与球幕电影的结合，不仅大大扩展了表演的科学内容，而且使教育与娱乐融合。但是，太空型天象仪本身的造价太高，而球幕电影的造价仅略小于天象仪，而且运行成本高，每部片子年租金10万美元，70毫米特大规格影片的片源品种少，又非一般天文馆所能拍摄，这些都限制了球幕电影能力的充分发挥。在太空剧场中除天象仪和球幕电影机外，还有一定数量辅助投影器和激光扫描投映仪等其他投影设备。这种以专用投影设备堆砌拼凑起来的太空剧场演示系统，难于协调工作，也给日常的维护保养增加了很大的负担。显然，太空剧场的进一步发展存在着问题和危机。

随着计算机技术的迅猛发展和全球数字化的升温，到了20世纪90年代后期，用于圆顶剧场的数字投影设备纷纷推出了。这种圆顶数字投影设备代替了原来太空剧场中的球幕电影，可以使观众置身于一个虚拟的环境，沉浸在栩栩如生的三维彩色图像和令人震撼的高保真音响效果里，加上它特有的观众参与功能，这种体验是无与伦比的。

1983年美国的弗吉尼亚科学博物馆向观众展示了一个全新的天象仪——Digistar（数字之星），它完全抛弃了传统的光学投影模式，是采用图形发生器、计算机和配备鱼眼镜头的CTR投影器，制作电脑绘图的数字天象仪。当时太空剧场正在大行其道，Digistar为太空剧场带来了新的选择，也给天象仪带来一次革新。

随着数字宇宙剧场技术的进一步发展，数字天象仪与圆顶数字投影设备融为一体，就是必然的发展趋势。2004年12月全世界第一个这样的设备在北京天文馆新馆的数字宇宙剧场诞生，它既可以表演星空，又可以表演绚丽多彩的宇宙景象：利用计算机绘图，通过投影器实现天象仪的功能和图像；在球幕上创造出壮丽无比的三维彩色画面，使观众置身于一个虚拟环境里，沉浸在身临其境的太空之中。它可以表演在空间和时间上任何大小、远近比例的世界，从分子生物学到太空天体，从大爆炸到膨胀的宇宙。这个划时代的跳跃将使天文馆成为沉浸式的、伸手可及的宇宙之窗，观众可以直接参与节目的演出，进入实时的虚拟旅行。

北京天文馆新馆的数字宇宙剧场上演最时尚的、沉浸式的甚至是可以互动的数字球幕电影，而老馆的天象厅上演传统的、经典的、以教学为主的节目。这样北京天文馆就拥有最前沿的数字宇宙剧场和最先进的光学天象厅，成为目前硬件设备最先进的天文馆之一。

采用双宇宙剧场的天文馆还有美国芝加哥市的阿德勒天文馆。设备和表演方式多元化，这就是当前世界天文馆的现状。

20世纪80年代前后，天文馆发生了根本的变化，由单纯的天象演示发展成为以天文科学为主的，多学科的，科普和教育和科研三者结合的新型综合性科学机构，有的定名为宇宙科学馆、太空馆、天文科学教育馆等。这里所说的多学科，主要还是与天文学关系比较密切的学科，如物理学、光学、地球物理学、地理学，以及航天技术和成果等。有的从规划开始就是科学馆、博物馆或文化中心的有机组成部分，即便如此，在努力办出自己特色的同时，这些馆往往是另有名称，如美国纽约自然历史博物馆的海登天文馆（2000年重新开幕后又进一步更名为地球和空间玫瑰中心）、美国宇航博物馆的爱因斯坦空间馆等。

就天文学本学科来说，天文馆除天象厅或太空剧场做人造星空演示外，一般都建立了天文台，设置天文展览，开辟天文广场，组织程度高低不等的青少年天文小组，添置装有固定望远镜的流动天文台式的宣传车，乃至与有关部门合作建立天文宣传点等。

日本明石天文科学馆特意建在东经135°经线上，其建筑的一部分——高54米的钟楼本身，就是个很别致的展品，钟楼墙面上从上到下的、显著的纵线代表日本标准子午线，即东经135°0′0″，顶端的大钟所显示的是日本标准时间。由于天文科学馆建在明石海峡的北海岸附近，因此，直径6.2米的钟面，从海上很远处就可以看到。

纽约海登天文馆在收藏和陈列陨石方面，可说是出类拔萃的。1935年开馆之际，它已收藏了代表548次陨落的陨石标本3,744块，陈列了其中的3,498块，据统计，当时全世界收藏陨石的总次数约为1,073次，可见它收集之广。更为难得的是，它收藏并陈列了原先在格陵兰发现的重达30多吨的世界第二大陨铁。

芝加哥市的阿德勒天文馆的天文仪器实物收藏和陈列非常丰富，其中有数百年前一些著名天文学家使用过的仪器，也有从天文台退役下来的近代仪器设备。

洛杉矶市格里菲斯天文台的展品中有大量的物理学题材，从光学、电学直到回旋加速器的展品和知识应有尽有，回旋加速器模型可以由观众随意启动，同时伴随着6分钟的自动讲解。莫斯科天文馆的活动内容有物理学、自然地理、气象学等方面，建立有相应的实验室。

波兰霍茹夫哥白尼天文馆把建筑、展览和哥白尼日心说结合在一起：从静态看，给人的感觉是整个建筑群反映了日、地、月三者的关系；当观众环绕建筑群走向天文馆入口处的时候，在动态中看建筑群时，会产生三者在绕转的感觉，看到的是一幅哥白尼太阳中心说的图像。在这里，建筑形式与科学内容的融合达到了完美的程度。

各国天文馆的经验告诉我们，对天文馆工作研究得越多的那些天文馆，其工作的开展、业务的发展、人才的培育和提高以及在馆际间的地位，是其他馆远远无法比拟的。

天文馆研究至少可以有以下这些方面的研究：天文馆历史、现状、发展趋势的研究；天文馆主要仪器设备性能的研究；天象厅演示稿的创作、配置、录制的研究；普及和教育理论、方法、教材、教具的研究；同题材不同对象教材内容和普及形式的研究；模型和形象化展品的研究；天文学研究和相应的观测等。这只是举些例子而已，这块尚未发掘其潜力的广阔园地，是可以大有作为的。

粗略的估计，世界上天文馆当在2,000座以上，其中超过15米圆顶直径的大型馆大约有250座，其余是中小型馆。美国的天文馆名录上，可以找到1,000多座天文馆，其中95%都是中小型天文馆。日本是世界第二天文馆大国，拥有天文馆350座，其中大型馆约有90

座（为世界第一；美国有大型馆50座，为世界第二）。天文馆比较多的国家还有德国、加拿大、俄罗斯等。我国的天文馆事业发展迅速，已建立的大、中、小天文馆近200座。

一个国家为什么要建立几十座，乃至好几百座天文馆呢？

如果天文馆只是为了作一般的人造星空表演，让观众随意浏览一下星空，认识几颗亮星、几个星座，增加一些天文知识，或者只是为满足旅游者的需要，甚至一些人的好奇心理，那无论如何不需要那么多的天文馆，特别是不需要那么多的中小型天文馆。原来，教学辅导是国外绝大多数天文馆努力去抓的一项经常性工作，大型天文馆尚且如此，更不要说中小型天文馆了。国外无论是中学还是小学的课本中，总有一些与天文和空间科学有关的课文，天文馆理所当然和义不容辞对此进行辅导，有的地方计划安排每个学生每学期去天文馆上几次课，统计表明，有的大型天文馆每年50%以上的观众是学生，最多的达到80%左右。显然，中小型天文馆的首要任务和中心工作，更应是放在教学辅导，以及引起星空爱好者的兴趣和启蒙等工作上。

世界各地造型各异、美轮美奂的天文馆图览

阿德勒天文馆

1925年5月德意志博物馆在慕尼黑建成，内设天象厅，天文馆由此诞生

波兰霍茹夫哥白尼天文馆

日本明石天文馆

▲格里菲斯天文馆

▼德国柏林蔡司天文馆

▼加拿大艾德蒙顿空间科学中心

▼美国纽约州罗挈斯特城斯特拉森堡天文馆

奇迹出自耶拿

天象仪是一种演示天文现象的仪器。它通过星片把星星放映到半球形银幕上，形成人造星空；又通过精密的齿轮传动系统，把日、月、行星及其运动轨迹投影到人造星空之上；再加上一些特殊效果投影器的应用，丰富多采的天文现象即呈现在观众眼前。天象仪以及装备天象仪的屋子——天象厅，乃至天文馆，用的都是一个英文名词，即Planetarium，从字面的意思来说，就是行星仪。如此巧妙的仪器是怎样发明的呢？这还要从一份奇特订货单说起。

德国南部的巴伐利亚州首府慕尼黑位于阿尔卑斯山北麓，是一座依山傍水、景色秀丽的山城，也是德国最瑰丽的宫廷文化中心。作为历史文化名城，慕尼黑有许多巴洛克和哥特式建筑，它们是欧洲文艺复兴后建筑风格的典型代表。城市中各种雕塑比比皆是，栩栩如生。慕尼黑还是一座多水的城市，伊萨尔河从城中穿过，众多的湖泊形成了无数的大小公园。在伊萨尔河中，有一个用混凝土凝固的如船形的岛屿，叫煤炭岛，岛上有一个四层口字形、拥有钟塔的雄伟建筑，这就闻名遐迩的德意志博物馆。

雄伟壮观的德意志博物馆

德意志博物馆是欧洲现有科技博物馆中规模最大的，也是世界最早的科技博物馆之一。19世纪末，德国在英国和法国影响下开始工业革命。1903年，工程师奥斯卡·冯·米勒（Oskar von Miller，1855～1934）提出在慕尼黑兴建大型技术博物馆的方案，筹建工作因第一次世界大战推迟10年，于1925年建成开放。米勒抱着把该馆办成教育机构的宗旨，在展览内容上，一方面通过大量实物反映各门科学技术的发展历史，另一方面采用剖开的机器、活动的模型以及观众可参与实验和操作的设备，展示各种科学技术原理，这些新的展览技术对后来的各国科技博物馆曾经产生过很大影响。

1913年，德国海德堡天文台台长的马克斯·沃尔夫（Max Wolf，1863～1932）教授向德意志博物馆的创始人奥斯卡·冯·米勒建议：在博物馆内搞两个非同寻常的展品，即两个天象仪：一个是哥白尼体系（日心式）的，另一个是托勒密体系（地心式）的。

▲德意志博物馆的创始人奥斯卡·冯·米勒

米勒接受了沃尔夫台长的建议，于是向当时在制造天文仪器方面享有国际声誉的耶拿卡尔·蔡司光学公司下订单。可是，在耶拿的设计师尚未寻觅到可行的解决办法时，第一次世界大战爆发，使得这个制作博物馆展品的整个计划都化成了泡影。

早在1918年人们已经清楚知道，可以通过向圆屋顶投影的方法，把太阳、月亮和五大行星再现出来。

1918年秋研制工作重新恢复，一位工程师在其回忆录中这样描述当时的研制情况：“一个哥白尼体系的天象仪，即一个三维表演系统，被安装在一个薄薄的圆筒型的屋子里，这样就可以使屋里（就像在地球上）的观众观看行星了，而这些行星又都被置于中心的光源（代表太阳）所照亮。”

▲德国海德堡天文台台长马克斯·沃尔夫

至于托勒密体系天象仪，当时是这样构想的：“将一台投影机放在半径为5米、用薄金属制成的圆屋顶里。在圆屋顶上有一些很小的洞眼，为的是让光线通过，以表现那些固定不动的恒星。薄金属圆屋顶还要围绕着极轴作周日运动。”

哥白尼体系天象仪于1923年完成，它是由蔡司公司的弗郎兹·迈耶（Fanz Meyer）工程师设计的，1925年德意志博物馆开幕时正式展出。圆筒型的屋顶直径为12米，高2.8米，

▲哥白尼体系天象仪

行星及其卫星从一个电控的、在黄道（镶在天花板上）上自由活动的车子上悬挂下来。在地球的位置上一个可以活动的笼架可使观众每12分钟绕太阳一圈，观众可以通过刻在南墙上的黄道星座，观察行星的视运动。如果把屋里的照明都关掉，而让中间的太阳和代表180颗恒星的小灯亮着，那么星空的景象还是比较逼真的。

研制托勒密体系天象仪的重任，则由蔡司公司的总工程师鲍尔斯费尔德（Walther Bauersfeld，1879～1959）和他的两名助手承担。由于技术上的原因，他们没有按照原先设想的那样，把四周搞成空心球的样子，因为要使这么重的物体运动，就需要一个巨大的机械驱动装置，这样会产生严重的噪音，这显然是不符合必须静音的设计要求的。于是他们又有了新的想法："如果采用投影行星的方法，同样可以使固定不变的恒星在圆屋顶内闪闪发光。"这就是说可以用一个安置于圆屋顶中央的投影机，将所有的天体都放映出来。

▲现代天象仪发明人鲍尔斯费尔德

这样一来投影机就必须包括两个主要投影系统，一个是恒

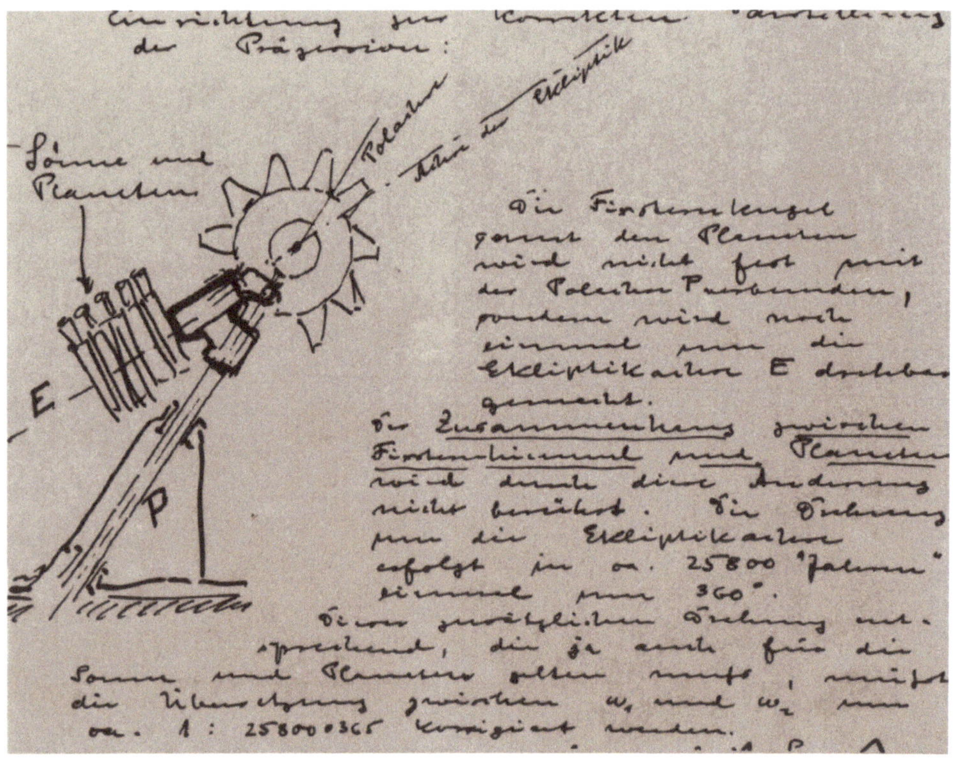

▲鲍尔斯费尔德的天象仪设计草图

星投影系统，另一个是行星投影系统。恒星投影器一共有32台，都由聚光器、恒星幻灯片和投影镜片三部分组成，每台投影出的天区面积几乎相等。32台恒星投影器紧凑地装在一个直径约50厘米的球体中，并在球体的中心装上一个普通的强光源。在这个球体中还装有另外11个能产生银河形象的投影器和30台小型的星座名称专用投影器。

行星投影系统是在一个与中心球体固定在一起的笼架结构里，装有太阳、月亮以及五大行星投影器，一个驱动马达，使球体连同行星龙架一起作旋转运动，以此来模拟天体升落的周日运动。通过齿轮传动装置的控制，太阳、月亮和行星都可以适宜的速度进行运动。其他的齿轮传动装置又可以表演出年运动中的进动。

1920年初，鲍尔斯费尔德开始作出设计图纸，并进行技术方面的计算，这些图纸和计算草稿有600页之多，一大批机械工程师、光学工程师和电气工程师从事这项工程，从最初的概念到完成，共花费了4年时间。1923年，这项巧夺天工的设计与制作终于完成了。

1923年8月，耶拿——这座不大的城镇、蔡司厂的所在地——突然沸腾起来，人们从四面八方赶到这里——蔡司工厂的楼上一个专门建造的直径16米的圆屋顶，一睹这人造星空的奇观：灯光渐渐暗下来，霎时银幕上隐隐约约出现了一个个的光点，天空越来越黑，光点越来越亮，啊！星空出现了，人们已经忘记了自己的所在，仿佛是在自然界里欣赏满天的繁星。讲解员的手电筒亮了，一束发光的小箭头在天上指来指去，这是北斗七星，那是牛郎织女，还有横跨天空的银河。星空转动了，星星都在东升西落。人们看得入神，只听见观众的呼吸声、耳语声，还有马达的细微声响。

成功的消息立刻传开，许多外国人专程前来观赏。丹麦哥本哈根天文台台长斯托姆格看过之后异常激动，说出“奇迹出自耶拿”这句赞扬天象仪的名言。他在《耶拿的奇迹》一文中这样写道：“在过去任何时候都没有创立过像这样大有教益的、魔术般的设施。这里是学校，是在苍穹下的教室；同时又是剧院和电影院，在表演中，天体就是演员。”

鲍尔斯费尔德发明的这台天象仪被运往慕尼黑的德意志博物馆，并临时安放在直径9.8米的圆屋顶里。在它的表演能力得到证实以后，它又被运回耶拿。1925年5月这台仪器被安放在直径9.8米的圆屋顶内，并一直使用到第二次世界大战。它在战争的空袭中幸存下来，1951年5 月被安装在德意志博物馆的另一处圆屋顶内。最终，当1960年一台新的蔡司天象仪被安装在新的圆屋顶时，这台鲍尔斯费尔德发明的天象仪就成为博物馆的永久性陈列品。

1923年鲍斯菲尔德设计研制的第一台天象仪称为蔡司Ⅰ型。蔡司Ⅰ型天象仪虽好，但只能放映当地纬度（慕尼黑，北纬48°）地区的星空，还需要加以改进。

蔡司光学工厂的沃尔特·威利格尔（Walter Viliger，1872～1938）工程师，于1925年研制成功了有对称结构的大型天象仪，称蔡司Ⅱ型。它由两个恒星球和中央笼架（亦称行星笼架）组成，形似哑铃，能表演地球上任何纬度地方所看到的星空。这样，天象仪的基本结构和形态就确立下来，直到1973年太空型天象仪出现之前，各类大中型天象仪都没有超越过这个基本形态。1925～1939年间蔡司厂共生产25台Ⅱ型天象仪（Ⅰ型仅生产两台）用这些设备在欧洲、北美和亚洲建立了25座天文馆。

当年沃尔夫台长建议制造的是可以让人进入其中的大型天球仪模型，让天球旋转，以演示天体的周日运动。显然这种仪器是无法让众多人观看的，在工艺制造上也会遇到很多困难，是难以实现的。鲍尔斯费尔德反其道而行之，让作为银幕的球状物固定不

•鲍尔斯费尔德天象仪的首场星空表演

世界各地陆续建立的天文馆都以威利格尔设计的蔡司Ⅱ型天象仪向观众展示灿烂的星空

动，由许多小投影器组合起来的仪器放在半球形大厅的中央，让仪器转动，模拟天象。虽然这只是一点的改变，却是质的飞跃。这是仪器设计思想的大突破，是不墨守成规，敢于创新的巨大成功。

鲍尔斯费尔德终生致力于天象仪的研制与改进。1959年他停止了那富有创造力的铅笔和滑动的尺子。当人们聚集在海登海姆其墓碑前悼念他的时候，蔡司厂的董事长这样称颂鲍尔斯费尔德："他永远为其他的成功建造桥梁，打开生命的全部动力，热情地埋头于美好的艺术，决不冒取成功，决不倒退，决不仅仅举着过去。他是一个有着超人智慧的，极其伟大的人。正因为如此，鲍尔斯费尔德将继续活在我们的记忆之中。"

天象仪从1926年后开始迅速普及，它再也不是博物馆中的一件展品了，它已经发展成为一个传播天文、历史和文化知识的中心，因此我们可以把1926年看作世界天文馆事业的起点。

哑铃型天象仪的设计者沃尔特·威利格尔工程师

蔡司工厂楼上专门建造了一个直径16米的元屋顶，人造星空的首场演出就在这里进行

天文馆与星座艺术

认识星座往往是爱上天文的序曲，而星座艺术（包括星座的故事和图形等）往往又是这部序曲的引子。当人们熟识星座之后，就可能进一步探索它们的坐标位置和出没规律、组成星座的天体的形态和性质，进而展现在观星者面前的是更加广阔多样的宇宙图景。

天文馆的总目标是向广大群众普及天文知识，让人们了解宇宙的实质，欣赏宇宙之美。对于青少年来说，天文馆的基本任务是用活动辅导课堂中的自然科学教学，并弥补学校教育的局限和不足。在天文馆的天文普及教育活动中，最能引起人们兴趣的就是天象厅的人造星空表演。现代生活中的灯光、烟雾严重地妨碍了人们对自然星空的认识和欣赏，人造星空表演则把美丽自然的星空再归还给人类，而星座艺术正好是人们认识星空的桥梁。这就是为什么星座艺术在天文馆中有着广泛应用的原因。

现在国际上通用的星座共有88个，它们的名称和图形大多数是根据古代希腊和罗马的神话故事编织而成的。其所以能长期流传，并为人们所接受和共用，究其原因可能就是它们所具有的趣味性、通俗性、艺术性和人文情结。趣味性表现在希腊、罗马神话故事本身的优美动人和构思奇妙，早已成为世界文化艺术的重要源泉之一。把它们和星空编织在一起，自然趣味隽永，令人欣赏不已。

通俗性表现在这些故事和图形大多与人们的生活接近和易于了解，如王族星座、大小熊、猎户和金牛、牧夫和猎犬、长蛇、乌鸦和巨爵、巨蛇和蛇夫、天琴、天鹅与天鹰、天蝎和人马，还有组成巨大的南船座等，都是便于联想和容易记忆的。

艺术性表现在星座图形优美和绘制精致上。历观流传至今的几套著名古典星图，星座图形多出自名家之手，图形生动，色彩和谐，因而提高了人们对星座欣赏的兴趣。

星座艺术经过长期的创作和提炼，历经几代大师的精心刻画而定型，最终成为后世依据的范本。

当今和流传较广的古典星图有下列几种：德国巴耶尔（J·Bayer）星图，出版于1608年，共有图51幅；波兰赫维留（J·Hevelius）星图，出版于1690年，共有图54

▲法国数学家巴蒂斯所绘星图

幅；英国弗拉姆斯蒂德（J·Flamsteed）星图，出版于1729年，共有29幅图；德国波德（J·E·Bode）星图，出版于1801年，彩色，除北天极、南天极以外，还有黄道12星座以及其他星座图形；法国数学家巴蒂斯（Gastpon Pardies）绘制的星图，出版于1674年，共有六大幅，覆盖全天（见本文附图）；英国詹米松于1822年出版的星图29幅；美国伯利特（E·H·Burritt）星图，出版于1873年，共有彩色星图六幅（北天极、南天极和春、夏、秋、冬四季星图）。

星座艺术被广泛地应用于天文馆之中，它反映在天文馆的建筑、表演、展览、出版和宣传等方面。尤其是黄道十二星座图形，在天文馆的建筑中有着广泛的应用。它们被用在建筑物的一些引人注目之处，使该建筑具有天文特色。

1931年美国第一座天文馆在芝加哥开幕，该馆就用黄道星座的浮雕装饰墙面。

1935年美国纽约海登天文馆在其底层的太阳系表演厅的四周圆环形墙面上就绘有黄道12星座的生动图案，这是该馆美术家沃特（T·Voter）创作的，后发表在该馆的《天空》（Sky）月刊封面并印成一套明信片，在世界上流传甚广。

1957年北京天文馆建成，在天象厅的圆廊墙壁上也绘有彩色的黄道星座图形。1987年更换大型展览之时，又重新绘制了黄道十二星座。

大连海运学院天象馆是我国最美的中小型天文馆建筑之一，它的内墙壁上用小瓷块拼合成许多星座图案，十分美雅。

许多天文馆在展览图形中，常常用星座图形为背景。最常见的是太阳系中各行星的运转模型，其背景必然是黄道星座及其图形。

星座巡礼、四季星空等是天象厅最常见的节目。表演星座图形是天象仪的最基本性能之一，因此天象仪不论大小，都有星座投影器的附属设备。试翻开各种天象仪样本目录，从20世纪20年代的德国耶拿蔡司天象仪样本到现代的各种天象仪样本，无不印有星座图形，以表现仪器的特征和吸引人们的注意。

过去德国耶拿蔡司厂为蔡司各型天象仪配制了几十种星座图案幻灯片，用星座图案放映器投映在天幕上，与星座吻合起来，效果很好。常用的图案有大熊座、小熊座，以猎户座为中心的一组，以仙女座为中心的一组，天鹰、天琴、天鹅合成的一组等。

20世纪60年代以前大型天象仪所用的星座图形多以古典星图为依据。后来耶拿蔡司的宇航天象仪诞生后，星座图形改用新式图案，线条比较简略，有点像漫画的形式，更加接近现代生活，看后有新鲜感。后来在大天象仪上也采用这种图案，如1977年开幕的匈牙利布达佩斯天文馆中就放映了这种新图案（《Sky and Telescope》1978年1月号）。

这些星座图案投影器多半只能表演个别星座（如大熊座）或某一小区（如以猎户座为中心，包括金牛、双子、小犬、御夫等星座）。如果想同时做到全天都出现星座图形，就要使用特殊的放映器。如美国洛杉矶格里菲斯天文馆就能够放映全天域星座图形（见该馆杂志《Griffith Observer》1955年4月号），其图景之一是：以大熊座为中心，南面是双子、巨蟹、狮子、室女等黄道星座，北面是小熊、天龙等星座，东北是牧夫、北冕、武仙等星座。这样放映的效果当然是十分壮观，但也有使人眼花乱之感。较好的效果可能是全天域星座图案与小区域星座图案相结合，相互对照，轮换放映的方式。目前我国的某些厂家也制作成功了全天星座图形软件。

对少年儿童的人造星空表演，如能采用适合少年儿童喜闻乐见的形式，就会收到更好的作用。因为古典星座图案未必是孩子们完全理解和喜爱的。耶拿蔡司ZKP2小型天象仪上的新型星座图案比较适合少年儿童的口味。美国的里德（G・Reed）教授从事科学教育多年，他创作的卡通式星座图案是专为少年儿童绘制的全新资料（见美国的《Sky and Telescope》1980年5月号以及《天文爱好者》月刊1990年6月号）。

20世纪70年代初美国亚利桑那州图森市的汉森天文馆的美术家们创作出一套新型星座图案，包括48个星座，采用现代手法，色彩极为艳丽（见《Sky and Telescope》1973年6月号），我国《天文爱好者》月刊曾多次刊登。这些图案为天文馆的星座节目增添了新的光彩。

在人造星空表演中运用星座图形，必须注意光度的增减，要使图形和星座相互吻合，起到相互对应，帮助辨认星座，增加对星空的兴趣等作用。所以星座图形一般以单色线条为主，放映中可以增减亮度，有时让星光亮过图形，有时让图形亮过星光。这样交互放映，效果最好。而且图形要多停留一阵，否则转瞬即逝，观众不易看清楚。也可以短暂关闭图形后，重复放映图形，便于回忆和复习。

在放映星座图形时配合讲解星座神话故事，播放符合故事情节的背景音乐和音响效果，就会使人造星空的表演大为生动。例如在表演天鹅座图形时，让观众看到一只在银河上飞翔的天鹅，再放送圣桑作曲的《天鹅》乐曲，其效果必然是清静优美。放映天琴座图形，讲述音乐家奥尔菲斯弹着七弦琴去地狱寻找他的爱妻时，如果放送奥芬巴哈的乐曲《天堂与地狱》序曲的前一部分，则会有无限婉转哀伤之感，如果选用中国著名小提琴协奏曲《梁山伯与祝英台》，同样也能收到极富情趣的效果。在表演南天星座，讲述众多英雄乘坐阿戈号船（即南船座）去寻找金羊毛的故事时，如果放送里姆斯基一柯萨科夫在《天方夜谭》交响组曲中“辛巴德航行”的一段乐曲，则气氛就大不一样了。

作者认为，在放映星座图形的同时，选择放映一些古典星图和与星座神话有关的世界名画，也是值得称道的作法。总之，星座图形在人造星空表演中有着不忽视的地位，但应注意天文知识、星座图形、故事情节、背景音乐之间的综合与协调，如能配合得好，就可以大大提高人造星空的表演效果。

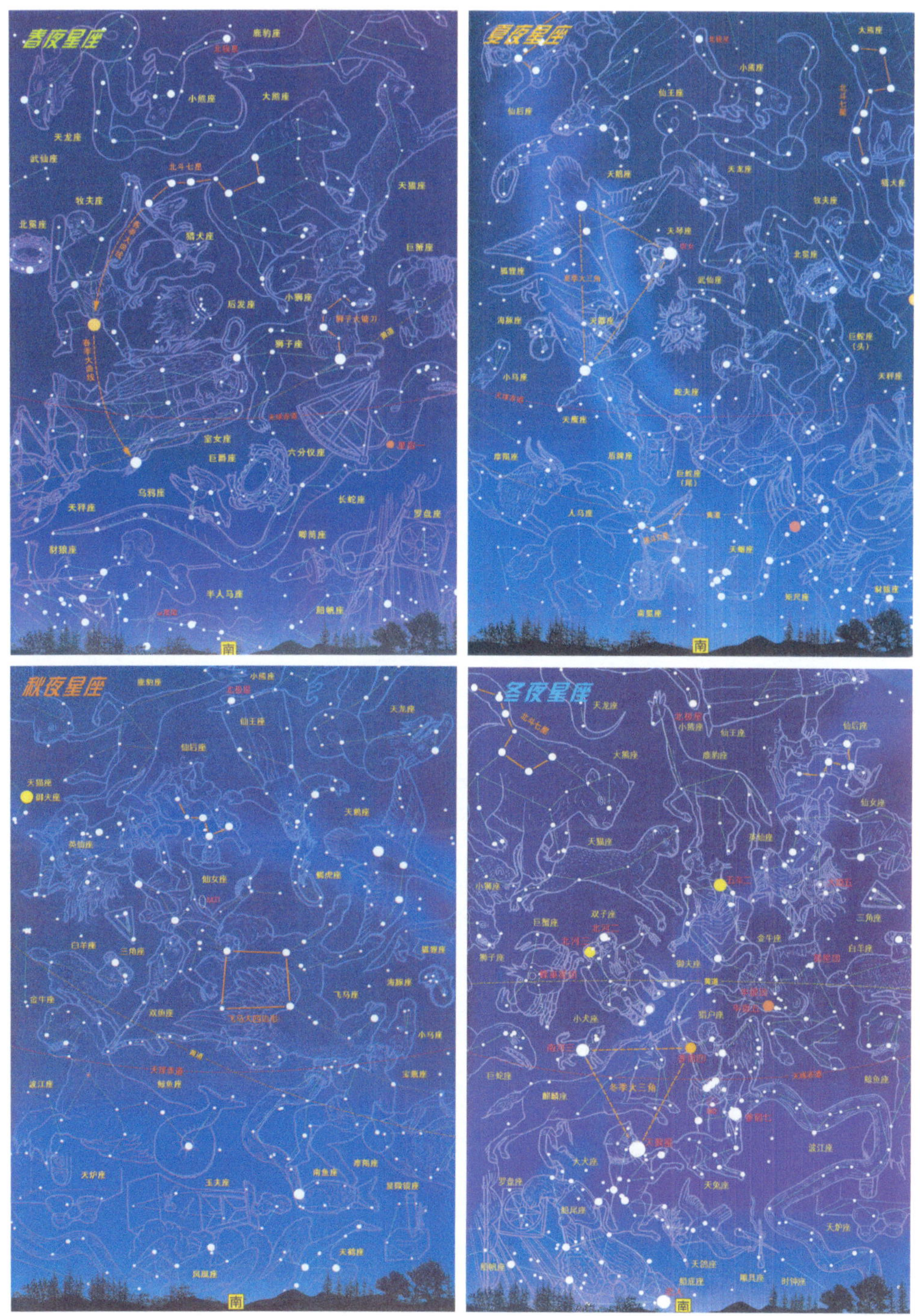

▲日本天文美术大师藤井旭所画的四季星座

德意志博物馆 90 年沧桑风雨路

世界上第一座天文馆于1925年诞生于德国慕尼黑的德意志博物馆。90年来，德意志博物馆蔡司天文馆致力于天文学等科学领域的教育和研究，成为世界上最受欢迎的科技博物馆之一。

▲德意志博物馆的主入口，顶部是天文馆

缘起

德意志博物馆是奥斯卡·冯·米勒，这个对科学各个方面都感兴趣的工程师的心血结晶。在像冯·西门子和伦琴这样著名的科学家的帮助下，他于1903年创立了德意志博物馆。1906年，坐落于德国慕尼黑伊萨尔河畔一座美丽小岛上的德意志博物馆初步开放，此后该岛被赋予博物馆岛的美名。由于第一次世界大战，原定于1916年正式开放的计划被推迟。1925年博物馆全部建成终于正式开放。

▲德意志博物馆的创始人奥斯卡·冯·米勒

作为德意志博物馆创始人和第一任总馆长，奥斯卡·冯·米勒致力于将博物馆建成教育机构，以突出展现德国过去的成就而见长，这些成就奠定了德国繁荣的基础。德意志博物馆是世界最老也是最大的科技博物馆之一。

真实地再现天空细节的想法来自天文学家、海德堡天文台台长马克斯·沃尔夫教授。沃尔夫教授曾参与德意志博物馆的建设。1913年，沃尔夫教授向米勒馆长建议，在德意志博物馆制作这样一个装置，它将展示恒星和行星，太阳和月亮的位置和运动。于是，米勒馆长向著名的耶拿蔡司光学公司求助，蔡司公司接受了这个特殊的订单。

耶拿的奇迹

正是在这样的背景下，天象仪应运而生。1914年，蔡司公司的首席设计工程师和后来的负责人瓦尔特·鲍尔斯费尔德，偶然提出天体投影在黑暗的房间的想法。它取代了以前的建议，人走进球中，通过外部照明在穿孔的球面上透射出星星。新的想法极大地简化了设备，使该装置可以变小和易于控制。经过机械师、工程师、天文学家和物理学家近10年的努力，蔡司公司终于制作出一个将恒星和行星的图像逼真地投影到圆顶，并能准确显示它们的位置和运动的精密机械光学设备。1923年夏天，在蔡司公司厂房的楼顶上，建造了一个直径16米的圆屋顶，这架仪器摆放在中央。当灯光渐暗时，无数光点慢慢出现在穹顶上。随着仪器的运行，人们终于在屋子里看到了斗转星移。这第一个投影出美妙的人造星空的仪器就是天象仪！天象仪的发明轰动了世界，被誉为“耶拿的奇迹”。

世界第一台天象仪和它演示的星空

德意志博物馆在蔡司天象仪的发明中扮演了关键的角色：米勒试图为他的新科技博物馆建立一个向游客解释星空和行星系统结构和运动的媒介。而如今，世界各地的主要城市几乎都拥有天文馆了。

第一座天文馆诞生

第一台天象仪1923年10月运抵慕尼黑新落成的德意志博物馆，并于21日向公众展示。天象仪安置在博物馆一个密闭的房间中央，房顶是半球型活动天花板，天象仪通过将光点投射在屋顶天花板上，来模拟夜空中天象的季节变换和历史上著名的特殊天象情景。在检验了天象仪的功能之后，这台仪器被运回蔡司公司重新调试并再次运抵慕尼黑。

1925年5月7日，德意志博物馆的天象厅正式向公众开放。天象厅直径10米，使用了

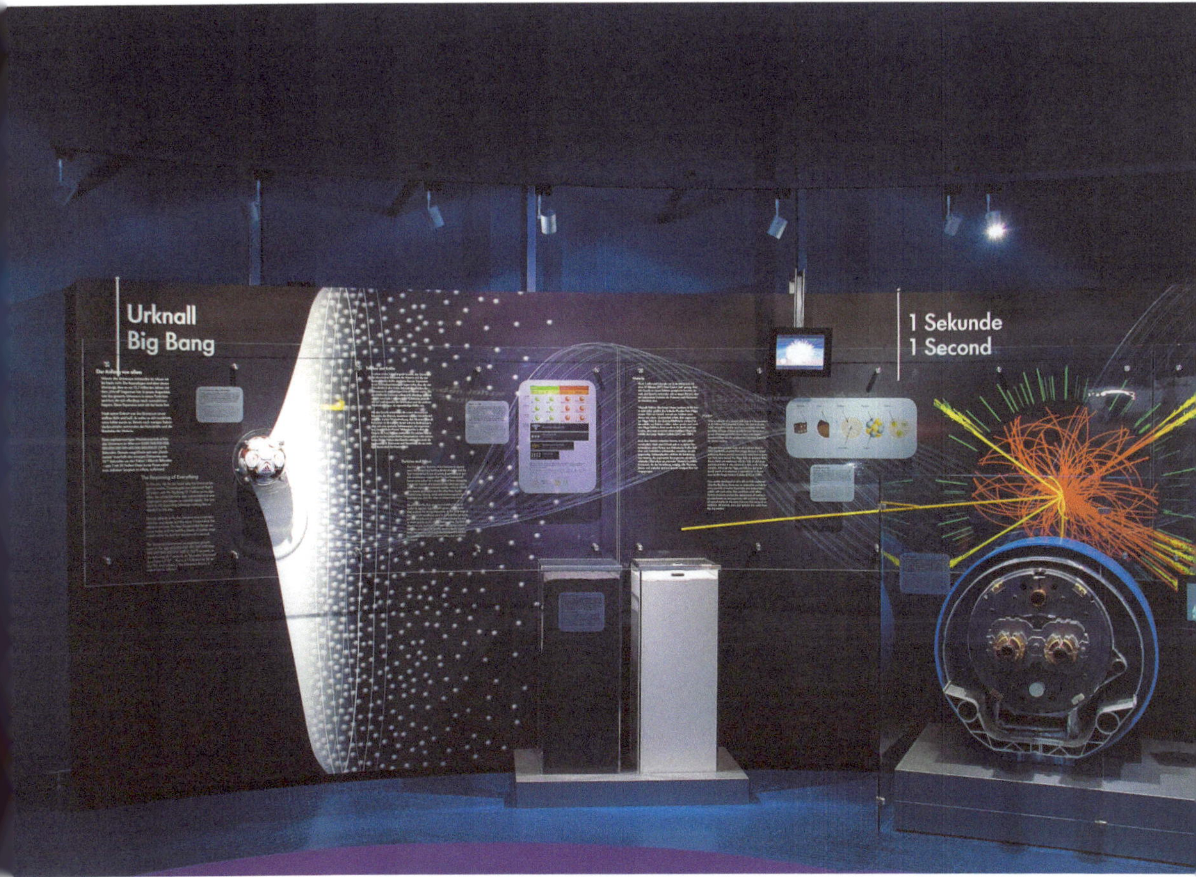

▲宇宙的演化展览

▲展厅中的伽利略工作室

◀天文台的望远镜

第一台蔡司M I型天象仪，这台仪器可以投影出4,500颗恒星。天象仪是天文馆的心脏，有了天象仪才有了天文馆。从这天起，世界上第一座天文馆诞生了。

虽然经历了战争，这台仪器幸存下来。它在1951年安置在另一个圆顶屋内一直使用到1960年，直到成为德意志博物馆的永久性展品。1960年天象厅的直径扩建为15米，更换成蔡司M IV 型天象仪，座椅180个；1988年再次换成蔡司M 1015 型天象仪。从建成开始到2011年，天文馆共放映9万多场节目，接待了900多万名观众。

天文馆的意义

天文馆是剧场和影院，是学校和教室。它承担着激发和引导青少年学习和探索天文知识、航天知识兴趣的任务。在天文馆，穿越星空，聆听关于星座的对话，在短短几分钟体验整个晚上可以看到的星空，了解更多关于宇宙结构、关于其他行星的神秘世界，以及银河系巨大尺度的知识。在现实生活中，星空往往被水蒸气和尘埃或者城市灯光遮蔽。一个清晰的繁星密布的天空已经非常罕见。天文馆使这一切变得可

▼2015年，蔡司总裁及德意志博物馆馆长为新馆剪彩

▲新馆的操作台和天象仪

▼观众在参观新馆的国际空间站和天象仪

能，讲解员在讲述天空的秘密故事之前，通常会让观众欣赏到当地当晚星光熠熠的夜空。

德意志博物馆每天上演的节目有《南半球的秘密》从南半球的星座开始，进行一次向宇宙边界的旅程（约40分钟）；《星空的季节》一年中的夜空是如何变化的，以及为什么变化（约25分钟）；《行星和星系》从水星到冥王星，一个穿越行星到矮行星世界的旅程（约35分钟）等。

天文学是一门迷人的多样化的科学，它与物理、数学、化学、工程学、生物学密切相关。在古代，观察和研究天空是判断一个人能力的方式之一。当人类开始安顿下来，天空中的星座引导我们的祖先，告诉他们在一年四季，什么时候播种什么时候收获。天文学也触及到深刻的哲学问题，比如，我们是从哪儿来的?

在德意志博物馆，永久的天文展览占地超过1,100平方米。德意志博物馆的天文展览重点在古典天文学和天体物理学，内容包括：宇宙和星空、天体物理和天文仪器、恒星和大尺度结构的形成、业余天文学、太阳和行星系统等。展览设有84个新展项、16个多媒体站、30个立体模型、150件文物、无数的展板、图形和照片，以及两个天文台，各种日晷和星际步道构成了世界最大的天文展览。展现了大量的古今天文仪器，并有与之相关的图示和小实验补充。大部分展览为1992年完成。

2009是国际天文年，德意志博物馆特别推出展览：宇宙的演化。该展览涵盖了现代宇宙学和天体物理学的最新发现，填补了以往展览的知识差距。展览带领观众进行了一次穿越时空的旅行，从137亿年前的大爆炸，到对宇宙未来的一瞥。这中间，可以学习空间、时间、物质和空间的大尺度结构是怎样形成的。展览将天文学、天体物理、核物理与粒子物理的研究成果编织在一起，从不同的角度展示了宇宙的历史，其中包括多媒体演示的尖端研究的看法。5个研究机构共同制作了这个展览：欧洲南方天文台（ESO）、马克斯普朗克天体物理研究所（MPA）、马克斯普朗克宇宙物理研究所（MPE）、马克斯普朗克太空物理研究所（MPP）和德意志博物馆。

▲蔡司ZKP4天象仪

几个世纪以来，天文学家用肉眼观察天空，测定和研究恒星的位置和运动。今天的看法有所改变：天文学家现在使用驻扎在外层空间的望远镜，他们可以发现令人难以置信的遥远宇宙深处数十亿年以前的微波背景辐射。科学探测器和哈勃太空望远镜向我们展示了遥远世界的神奇图像。

怎样才能解释天文学的魅力？德意志博物馆就观众普遍感兴趣的话题举办展览。从可以追溯到的17世纪的古代望远镜技术，到今天深空和甚大望远镜等准确度惊人的仪器，从而告诉公众，人类已经学会如何理解我们周围的世界和宇宙。

改造重张

德意志博物馆天文馆于2011年1月8日闭馆。从2013年至2015年，经过两年多的整修重建，于2015年重新开放。在隆重的开幕典礼上，放映了配备了顶尖蔡司技术的天文馆首秀，同时举行了德国2015国际光年活动的启动仪式。新天文馆的直径15米，可以容纳160位观众，配备蔡司Skymaster ZKP4天象仪和6台VELVET数字投影机组成的投影系统。

ZKP4天象仪使用了LED照明新技术，投射出极其自然的星空影像。VELVET投影机为观众展现了世界上最强的对比度（2,500,000:1）效果，能以极其出色的分辨率同时投影显示极亮和极暗的物体。天象仪和数字投影系统通过蔡司Powerdome计算机系统的控制完美配合，使得星空与图像相得益彰，充分体现天文馆的魅力。

“观众再次能够欣赏光的魅力，感受宇宙的浩瀚无穷”“天文学已不再仅仅是研究地球上看得见的星星”，蔡司的现代投影技术很完美，因为它不仅能展现出光点，更能演示出图像和星空全貌，甚至能够描绘穿越空间的虚拟旅行：只需10分钟，观众就能走完137亿光年，抵达目前人类可观测宇宙的边缘——你可以飞掠太阳系的行星，也可以从外部观看整个银河。

整修一新的德意志博物馆天文馆于2015年3月1日向公众重新开放。观众可以看到令人惊叹的星空表演和宇宙画卷。它不仅仅是一个重新开放，毕竟，这是历史上第一座天文馆，也是一个全新的天文馆。

◀2015年为庆祝慕尼黑德意志博物馆启动国际光年活动，伊萨尔河畔的博物馆岛举行了灯光秀

涅槃重生的莫斯科天文馆

始建于1929年的莫斯科天文馆，是世界上最古老和最重要的天文馆之一。该馆不仅在苏联的天文普及教育中发挥了巨大的作用，也推动了世界天文馆的发展，特别是对北京天文馆的诞生产生了深远的影响。苏联解体后，莫斯科天文馆由于设备老化和经费短缺，于1994年关闭。之后该馆经过旷日持久的改造后，于2011年6月12日重新开放。让我们回顾莫斯科天文馆的历史，庆祝莫斯科天文馆的浴火重生。

▲莫斯科天文馆老馆

历史回顾

1929年11月5日，苏维埃社会主义共和国的第一座天文馆（世界第13个天文馆）——莫斯科天文馆落成开放。该馆的落成，标志着西方以外的社会主义阵营有了第一座天文馆。

坐落在莫斯科市中心花园环带外的莫斯科天文馆，由天象厅、展览、天文台和天文广场组成。其中天象厅的直径为25米，有500个座椅，使用蔡司II型天象仪，可以投影5,400颗恒星，以及行星并演示它们的运动。莫斯科天文馆以教育为目的，常年进行天文知识普及工作和科研活动。该馆使苏联人民特别是少先队员们从小就能够得到唯物主义宇宙观的教育。学校学生以及航海航空人员都以天文馆作为他们进行天文教学实习的场所。

在莫斯科天文馆的圆顶下，许多著名的前苏联科学家开始了自己的职业生涯。第二次世界大战期间，特教课程“天文探索者”旨在教会年轻的军人在未知的领域如何利用星象定位，这样的知识在战争期间挽救了许多生命。20世纪60年代，莫斯科天文馆被当作第一个培训宇航员的教育中心。20世纪80年代开始的“梦幻剧场”，根据知名的科幻作家的书籍举办不同的科幻节目表演。然而，在20世纪90年代，天文馆发现自己陷入法律诉讼和经济纠纷中。

苏联解体后，许多国家机构成为私有财产。莫斯科天文馆被俄罗斯私人企业家收购，并在1994年关闭。这位企业家希望将其建成一个大的娱乐中心。然而由于无法找到足够的资金开展这项雄心勃勃的项目，天文馆的大部分股权转给莫斯科市政府。改造始于2002年，由于缺乏资金和存在股东与市政府之间的纠纷，重建工作几次中断。由于莫斯科天文馆的地位，该馆关闭后受到国际天文馆界的关注。国际天文馆学会曾呼吁各方为莫斯科天文馆募捐，支持该馆重建。之后，莫斯科天文馆的股权100%转移到市政府。最终，莫斯科天文馆斥资1亿美元重建。

新馆重生

2011年6月12日，经过17年的漫长等待后，莫斯科天文馆重新对公众开放。新改造的莫斯科天文馆保留了原有建筑的外观，但从地面升高了6米，面积也增加了6倍，达到1.7万平方米，成为世界上最大、最先进的天文馆之一。天文馆建筑有4个楼层，其中包括月球展馆、4D影院、4个餐厅和一个天文公园，园区内还有两个天文台。新建成的莫斯科天

莫斯科天文馆新馆全景

▲重生的莫斯科天文馆新馆

文馆是一个多功能的综合场馆，是一个结合了科学和教育资源的公众休闲中心。该馆的目标是针对不同年龄群体的游客，“以通俗的语言，讲解复杂的宇宙”。

大球厅——宇宙剧场

这里有欧洲最大的天文馆圆顶，每个人在此都感到有趣。大球厅位于天文馆的顶层，里面是直径25米的宇宙剧场，拥有364个舒适的座椅。剧场安装了最先进的光学天象仪——蔡司9型天象仪，可以投影出9,100颗星，表现10,000年间的天体运动。这里除了可以表演星空和放映球幕电影，也可以举办音乐会。

金星馆大球厅的下面是金星馆第2展厅。该展厅展出包括天体模型和陨石收藏等展品。

金星馆第2展厅同层的室外天文花园。有30件地平式和赤道式日晷、天球仪、星盘、双筒望远镜、射电望远镜，以及缩小的巨石阵模型和天文仪器等，另外还有一个博物馆和两个天文台。

在天文馆的一层是金星馆第1展厅和月球馆互动展第1展厅。其中金星馆第1展厅展示

▲天文花园里的天文台

▼大球厅——宇宙剧场

了人类探索太空的历史和莫斯科大文馆的历史。展厅中有两台退役的蔡司天象仪，其中第一台天象仪的一个恒星球被剖开，在截面上安装了玻璃，观众可以清楚地看到恒星球内部的结构。另一台蓝色的哑铃式天象仪斜立在展厅中。

▲安装在天文馆的第一台蔡司Ⅱ型天象仪。两个恒星球中的一个被切开，展示了其内部结构

地下一层是月球馆互动展第2展厅、4D影院和小球厅。在月球馆互动展2厅，是天文和物理展览。4D影院提供有关太空探索和宇宙的纪录片。小球厅里有俄国唯一一个配备了小球幕、可以运动的座椅、立体影像的投影系统。并且可以制作全球幕格式的3D视频节目，这令天文馆特别骄傲。

在莫斯科天文馆，观众可以自己动手操作各种仪器，亲手启动“傅科摆”，了解黑洞的结构，探索龙

▼金星馆坐落在一楼，它致力于宣传天文馆的历史，包含了各种仪器和感知宇宙的方法。图为展厅中的哥白尼蜡像

▲4D影院放映电影

▲金星馆里的宇宙天体

卷风的成因，甚至在“月球表面”跳跃。观众可以收集“火星”表面的岩石样本；体验自己在不同星球上的体重，还可以骑着“太空自行车”遨游太空。可能还将让观众尝尝太空食品。

天文馆还进行天文观测和研究，为大球厅制作自己的天象节目。对中小学生和大学生来说，像50年前一样，莫斯科天文馆也开办天文学校。

莫斯科天文馆科学部主任说，天文馆是个科学普及中心，我们尝试用简单、轻松的语言向他们解释最新的科学成就，我们邀请科学家来讲述自己的工作，因此，我们帮助人们掌握更多的知识。天文馆在这方面是完美的，因为我们不只讲解，而且向他们展示一切。

会议室、4个餐厅和可容纳88人的会议室有最先进的技术配备。会议室可以进行视频和音频电话会议，有立体声音响、投影仪、同声传译系统等，非常适合举办国际会议。会议室旁边的一间咖啡厅便于茶歇时进行交流。当孩子们忙着看龙卷风或一艘飞船的对接时，家长可以在月球互动厅的小吃吧放松一下。不同寻常的宜人环境，仿佛来到地球和月球之间的太空。在这里，可以为孩子安排特殊的生日聚会。

▼月球馆中的互动展品

▲太阳系的行星模型

▲学生们在参观天文馆

复古的咖啡馆在金星馆旁。咖啡馆有一个舒适而温馨的气氛，安乐椅、古书、照片、时尚的灯光。这里提供欧洲和日本料理的美味佳肴和现调的鸡尾酒。

望远镜餐厅提供欧洲和日本料理的自助餐，受到大人和孩子的喜爱，甚至还有为很小的游客准备的特殊菜品。

俄罗斯领导人表示，“在俄罗斯其他大型城市建造天文馆是有意义的”“不仅要造天文馆，还要建天文俱乐部。应努力让孩子们对宇宙感兴趣，并选择未来成为宇航员。”

很难预测新的莫斯科天文馆能重建从前的信誉和知名度。但随着空间技术的飞速发展和人们对天文学兴趣的与日俱增，它可能会作为莫斯科的主要景点之一，以及俄罗斯天文学最重要的中心之一。无论如何，重生的天文馆将再次给成千上万的人独特的机会，去感受宇宙的脉搏，并观察太空生活的奥秘。

▼深受参观者欢迎的望远镜餐厅

▲天文公园里的浑天仪

▲有关航海的展览

兼有天文博物馆特色的芝加哥阿德勒天文馆

1930 年：西半球的第一座天文馆

1928年，美国富翁马克斯·阿德勒决定把他的部分财产投资到对未来的芝加哥人有益的公共设施。他了解到欧洲已经证明有个机器可以神奇地再现夜晚的星空，他决定亲自去调查这个设备。他带着妻子和建筑师欧内斯特去了德国，天象仪给他留下了深刻的印象，所以他捐助在西半球建立了第一个现代天文馆。

阿德勒天文馆于1930年5月12日对公众开放。阿德勒先生在他的捐献致辞中，解释了

▲美国芝加哥阿德勒天文馆外景

▲馆长和学生在首映式上剪彩

决定建造天文馆的原因："芝加哥已经拥有非常丰富的物质生活，我要把更多的资金投入公共设施的建设。要使公民增加对宇宙、行星和恒星的了解。"

阿德勒先生收集了在天文学、航海、时间和工程学等方面具有历史价值的、给人深刻印象的收藏品。这些仪器还使阿德勒天文馆成为在西半球收藏品最好、最丰富和最完整的天文博物馆。

阿德勒先生为了维持博物馆的运行，与南公园地方长官（后来的芝加哥公园区）签署了一项协定。西北大学著名的天文学教授飞利浦·福克斯博士被任命为第一任馆长。这项新的公众设施从开放伊始就获得了极大的成功。众多的游人来到这里观看这引人注目的新设备。之后的几任馆长成功地在后来的几十年中继续吸引了数百万游人。

1950 ~ 1968 年：变化的年代

马克斯·阿德勒于1952年去世。在近四分之一个世纪里，他见证了天文馆的成功。

位于芝加哥伊利诺伊湖畔的阿德勒天文馆鸟瞰

他的亲属继续维持对博物馆的资助，尤其是他的儿子罗伯特·S.阿德勒。在20世纪50年代中期，罗伯特·S.阿德勒成立了芝加哥天文协会——一个热心促进社会天文教育的服务机构，到1968年，阿德勒先生一直担任该协会的主席。

从1957年苏联人造地球卫星发射开始的“太空竞赛”和引人注目的天文学新发现，要求所有的天文馆重新检查他们的节目，并为未来进行计划。在1967年，新蔡司VI天象仪替换了最初的蔡司天象仪。

1968 ~ 1991 年：扩大的年代

1968年，约瑟夫·M.张伯伦博士，纽约市的美国自然历史博物馆的海登天文馆的前任馆长，经芝加哥市长委员会的推荐，担任阿德勒天文馆的馆长。一项新的400万美元的地下设施工程在1973年阿德勒天文馆第43个生日时开始启动。1976年，评价委员会承担了全部的管理责任，但是继续从芝加哥公园区得到财政支持。1977年，多纳（Doane）天文台开放。最初，由阿德勒天文馆的工作人员自己制作并安装了一台卡塞格林望远镜，直到1987年，它才被一台先进的卡塞格林反射望远镜所替代。该望远镜安装了CCD照相机、视频摄像机和跟踪装置。望远镜可以窥视天空的月亮、行星和恒星等，为访问阿德勒的人提供活生生的天文体验。1991年3月，博物馆公开了650万美元革新工程的结果。新增加的设施包括：可演示星空特殊效果的自动扶梯“星星楼梯”、天文馆咖啡厅、天文学史研究中心和天象节目制作室。在领导阿德勒天文馆稳固其在芝加哥主要文化设施中的地位达23年之后，张伯伦博士于1991年退休。弗吉尼亚科学博物馆的前馆长，保罗·内潘伯格博士接替张伯伦博士为馆长。

阿德勒天文馆还有内容丰富的展览，包括永久性展览和临时性展览，有介绍现代天文学成就的展览和古代天文学史的展览。阿德勒天文馆拥有世界上最丰富的天文仪器、书籍和艺术品收藏，包括1529年制造的日晷，一架威廉·赫歇尔制作的望远镜，古老文物，甚至12世纪波斯的文物。它的“世界文化天文之旅”的展览，包括中国古代的天球仪和星图实物、英国的巨石阵模型等，介绍了世界各国在天文学史上的贡献和贯穿在其中的文化内涵。

1991 ~ 1999 年：着手进入新世纪

为了迎接新世纪的到来，1991年内潘伯格博士开始了有重大意义的天文馆改造计划，其目的旨在使阿德勒天文馆成为向公众解释宇宙探索的最主要的社会教育中心。在

20世纪整个90年代，阿德勒天文馆作为一个社会事业机构，得到了长足的发展。制作了11个天象节目，扩展了教育计划，开发十几个永久性的和临时性的展览。1993年开始欢迎志愿者加入阿德勒的计划。1994年成立阿德勒委员会。1995年阿德勒天文馆网站成立，开始运作。在1996年6月，阿德勒天文馆开始自己发布天文新闻。1997年2月25日，阿德勒天文馆举行改扩建工程开工典礼，扩展计划在原建筑上向湖的一面修建玻璃屋顶。两年之后，1999年1月8日，占地60,000平方英尺的玻璃屋顶的分馆向公众开放。新增加的建筑包括4个新展览画廊、历史性的阿特伍德天球（Atwood Sphere）、望远镜平台，面向密歇根湖的餐厅和世界上第一个观众交互式的StarRider剧场，观众能积极地探索宇宙的虚拟环境。玻璃屋顶环抱着阿德勒天文馆的圆顶，把历史建筑和现代设计巧妙地结合在一起。

21 世纪

阿德勒天文馆开创了在一个馆里有两个圆顶剧场的先例。蔡司天象厅最初使用蔡司II型天象仪，后更换为蔡司VI型天象仪，天象厅有275个座椅，提供传统的星空表演，让人们享受到从城市上空或其他地方看到的布满星星的夜空。1999年，又建立了使用DigiStar 3数字天象仪系统的世界上第一个表演交互式全天域三维图像的太空剧场。该剧场拥有

▲天文馆里的阿特伍德球

▲阿德勒天文馆的日晷

▲陈列的陨石

191个座椅，每个座椅的扶手上有控制键，观众可以通过它参与节目的表演。

2011年7月，阿德勒天文馆将天象厅改造成格兰杰天空剧场。新的剧场直径21米，跨度达190度，天幕采用先进的纳米无缝拼接技术。剧场采用20个军用级投影机，由两组超级计算机控制。这使其成为全球分辨率最高的数字影院，分辨率高达 8k x 8k。《深空探索》是该馆的核心节目。在进入格兰杰天空剧场前，观众已经开始在欢迎走廊进行深空探险了。与以往任何天文馆剧场的入口都不同，这个未来感十足的建筑走廊，以色彩变幻的灯光和视频演示，提供了一个预映体验。

馆里的天文台

▲电影《星球大战》中的风暴骑士守卫在天文馆的门口（映后晚会）

阿德勒天文馆在2001年12月开设了一个电脑空间（CyberSpace），这是一个实时交互，可以了解火山、地震、太空天气的虚拟现实体验，它由用最新技术装备的远程教学教室和交互式的供学习使用的计算机教室和有3个屏幕、可以与NASA或其他天文馆联网的多媒体会议室组成，可以在这里进行远程教学并访问空间中心的宇航员。

阿德勒天文馆网站在1995年开通，在2001年12月开设了一个数字太空展室。这是一个实时交互，可以了解火山、地震、太空天气的虚拟现实体验室，它由用最新技术装备的远程教学教室和交互式的供学习使用的计算机教室和有3个屏幕、可以与NASA或其他天文馆联网的多媒体会议室组成。

阿德勒天文馆和天文博物馆的目的是：“激励公众对天文学及其历史的兴趣，培养和教育不同的观众积极探究理解我们对宇宙的探索。” 阿德勒天文馆不断地推陈出新，永远走在时代的前列。阿德勒天文馆是世界上最好的天文馆之一。

富有现代气息的阿德勒天文馆格兰杰天空剧场入口

▲在欢迎走廊参与互动体验

▶站在剧场的屏幕前，巨大的木卫一不由得令人晕眩

▲《深空探险》节目画面

▲展览大厅一角

洛杉矶的重要景点之一——格里菲斯天文台

坐落在洛杉矶格里菲斯公园的格里菲斯天文台是世界著名的天文馆之一，也是当地的第七大景点，人们来到这里可以俯瞰整个洛杉矶市。

▲格里菲斯天文台重张时，洛杉矶市市长在开幕式上致词

1896年，威尔士移民格里菲斯向洛杉矶市赠送了12平方千米土地，建立了格里菲斯公园。16年之后，他又捐赠了10万美元在好莱坞山顶修建了格里菲斯天文台。格里菲斯于1919年去世，1935年格里菲斯天文台的天象厅落成开放。目前，格里菲斯天文台由洛杉矶城市的娱乐和公园部负责管理。根据格里菲斯本人的愿望，到天文台参观和用望远镜观测都是免费的，尽管现在公众进入天象厅需要象征性地购买7美元的门票。格里菲斯天文台1935年开馆以来已经接待了7千万观众。

▲从天文台鸟瞰洛杉矶市

格里菲斯天文台是一座带有明显的20世纪30年代风格的建筑，它是当地居民和年轻人以及旅游者最喜欢的去处，尤其在夜间，灯火斑斓时，它成为洛杉矶最有名的浪漫景点之一。另外，由于它毗邻著名的好莱坞电影公司的所在地，自然已经出现在好几百部电影和电视剧中。

修葺一新的格里菲斯天文台日景

修葺一新的格里菲斯天文台夜景

▼天文台重张开幕式上的童子军

格里菲斯天文台通过天象厅的表演、科学大厅的展示、望远镜观测以及天象资讯发布、网站宣传和回复来自世界各地的大量电子邮件和来信等多种多样的科普活动，来诠释宇宙与天空。

1964年最初的蔡司2型天象仪被4型所替换，那是1935年建天象厅以后仅有的重大改善！每年来这里参观的观众几乎达到200万，这个数字比当年天文馆开放时洛杉矶市的全部人口还要多。2002年格里菲斯开始进行改扩建，直到2006年年底重新开放。

重张的格里菲斯天文台保留了原来的建筑风貌。在好莱坞山顶，一个地标性的建筑终于回到了人们的视线。

▲天文台前的草坪，中间是天文学家纪念碑

▲《无因的反抗》男主角的半身胸像纪念碑，背景是好莱坞的大型标志

太阳系草坪模型在天文台的草坪上镶嵌有青铜线，分别代表行星绕太阳运行的轨道，每英尺（30厘米）代表2,000英里（3,220米），太阳和内行星（火星、地球、金星，水星）在最里面，最外面向里依次是冥王星、天王星、木星、土星。

在格里菲斯天文台前的草坪上，屹立着建馆时就有的天文学家荣誉纪念碑。纪念碑上的6位各时代最伟大的天文学家分别是喜帕恰斯、哥白尼、伽利略、开普勒、牛顿以及赫歇耳。纪念碑前面是一个日晷。电影《无因的反抗》男主角詹姆斯·迪恩的半身胸像纪念碑位于天文台西北角的草坪上，当时这部电影曾在天文台拍摄。戈特利布凌食仪位于天文台西北角，它展示了太阳、月亮和星星不同季节位置的变化。

天文台一层东翼的展厅是眼之厅。主要展示的是有历史意义和重要的天文观测设备，展览主要集中在用于探索天空的光学设备和技术。这里有一件上世纪20年代的科学古董——特斯拉环——变压器里的交流电产生电磁场，从电极流动的电流形成电闪。这个可以进行150万伏高压放电的设备安装从1937年起就在格里菲斯天文台里。

天文馆的西翼为天之厅，展示的是太阳、地球和月亮的运动和相互作用，以及它们对人们日常生活产生的影响。展览集中在四季、日月食、月相和潮汐。

格里菲斯天文台是世界上使用率最高的公众天文台之一，主要原因是由于它的地理位置，会定期提供高质量的公众望远镜观测。格里菲斯修建天文台的初衷就是希望人们能有机会透过望远镜扩展他们的视野。在天文馆大铜顶两侧的两个小圆顶建筑里，安装了蔡司光学望远镜和太阳望远镜，供市民免费使用。每当晴朗的夜晚天文台都会开放。天文台的工作人员会在草坪上或东侧观察阳台设立一个或多个独立的望远镜，让更多的人们把眼睛投向天空。每月一次.洛杉矶天文学会和人行道天文学家都会举行一个星空派对，在天文馆架设许多望远镜供公众观察天空。此外，天文台也设置了一些投币望远镜，使游客可以沿天文台建筑周边向西、南方向观看洛杉矶盆地及周边山区。

东侧天文台里面安装着建馆之初就有的蔡司光学望远镜。有7千万人通过这个12英寸折射望远镜看过月亮、行星和彗星。在有特殊天象发生时，会有更多的人来观看。比如哈雷彗星和海尔-波普彗星以及小行星等。天文台这次重建，为圆顶旋转增加了新的电机和滑轨，用铆钉铆起来的铜皮望远镜圆顶经过修理和清洗焕发新颜。

西侧天文台里面安装了太阳望远镜。观众可以看到一个从屋顶望远镜传输的，经过滤光器处理的实时太阳像，还可以看到太阳黑子，太阳耀斑等。太阳望远镜只在白天工作。

塞缪尔·欧钦天文馆

重张后的天文台将原有的蔡司6型天象仪更换为最先进的蔡司宇宙9型天象仪，还用两个益世公司生产的DIGISTAR 3型激光投影器取代了过去复杂的幻灯投影系统，表演图像及其他特殊效果。基于强调观察真实星空的表演哲学，格里菲斯天文台仍然保持了一个180° 直径23.5米的水平圆顶，将原来同心圆式排列的630个座椅改为同向弧形排列，减少了1半座椅，现为300个，增加了座椅的舒适度。新的开孔铝型材天幕取代了原来的白色石膏天幕，使图像更加生动，音响更有感染力。天文馆的外圆顶经过清洗重新变成绿色，并将保持15～20年。如同它以前的地位一样，格里菲斯天文台仍将是加利福尼亚州最大的天文馆。不管是针对学校学生的教学节目，还是为一般公众的公共节目，格里菲斯天文台都始终坚持在表演中通过熟练掌握天文知识的讲解人员进行现场讲解。由于采用了现场表演的方式，工作人员可以根据观众的需要重复介绍专业名词，同时进行生动地讲解。格里菲斯天文台始终坚持这样的表演原则，过去不会而且今后也绝不会在天文馆剧场表演预先录制的“电影”。天文馆的开馆节目是“宇宙的中心”，节目通过对宇宙的奥秘的探索，引领观众体验太空旅行的乐趣。

新天文馆之所以命名为塞缪尔·欧钦天文馆，是为了感谢塞缪尔·欧钦先生和夫人家族基金会的慷慨捐赠。

莱昂纳多·尼莫视界多媒体剧场位于天文台前草坪的地下。新的天文馆剧场完全用来表演激动人心的天象节目。因此，该馆为了适应其他的需要还建立了一个地下剧场——伦纳德·尼莫视界。这个有200个座位的阶梯剧场用于特殊演讲、新闻事件的记

▲赫罗图展览

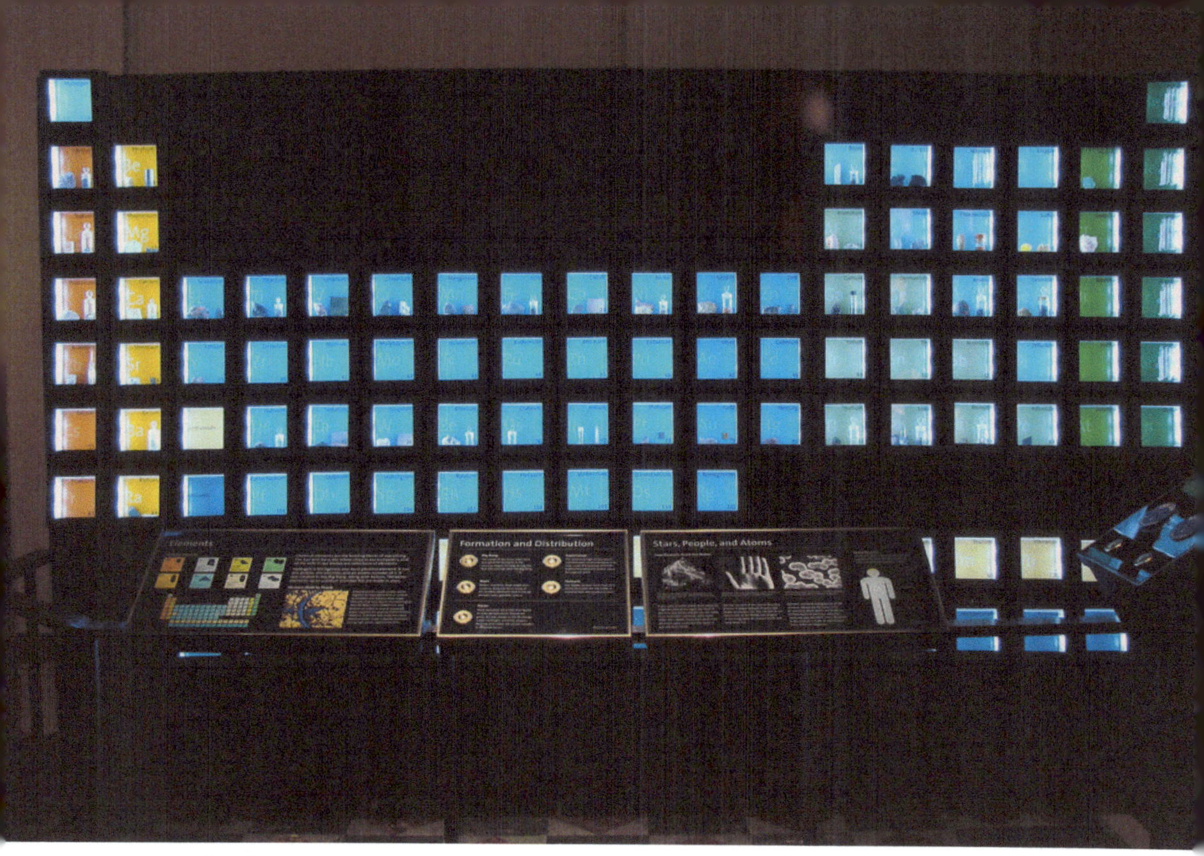

▲化学元素周期表墙

者招待会，以及为学校学生进行的辅助表演等。另外，它也可以用来出租，增加经济效益。这个剧场建在地下，既保持了天文馆目前建筑的古典风格，同时又增加了使用面积。但是由于天文馆坐落在花岗岩山上，所以，这项工作耗资巨大。

▲爱因斯坦铜像

巩特尔深空展厅是一个在前草坪下面新建的地下展览厅，通过天文图像、模型和互动展品帮助观众观察太空，从而探索宇宙，了解地球上更多的观测太空的仪器。通过望远镜观看的“大画卷”是世界上最长的天文图像长152英尺（46.3米）。它选取了离地球最近的室女座星系团中一片很小的区域，这幅图像展示的是比人眼视力达到的距离远1000万倍的，太空深处的画面。这幅图像陈列在114块独立的珐琅展板上，每块展板高6英尺8英寸，宽4英尺，重70磅。图像包括1百万个星系，50万颗恒星，1000个小行星和至少1颗彗星，由2004年到2005年间20个晚上采集的数据共2千亿字节中选出合成，大小有24.6 亿像素。

在左图中，这个20世纪最著名的科学家把他的食指举到眼前大约30厘米的距离指向“大画卷”。大画卷长43米，爱因斯坦的食指长10厘米，他用食指量出对面天区的距离。观众可以坐在爱因斯坦的身旁举起自己的手指。

“宇宙的尽头”咖啡馆位于建筑的西侧下方。这里是原来放置日晷的地方。现在游客可以在此边品尝咖啡，边欣赏洛杉矶美丽的全景。

建造中国第一座天文馆*

北京天文馆是新中国成立后最早修建并由中华全国科学技术普及协会管理的一座大型科普场馆。北京天文馆于1955年10月24日动工建造，1957年9月29日正式开馆。我曾参加了北京天文馆建造的全过程，至今记忆犹新。那么，我国第一座天文馆是如何诞生的呢？

天文课堂 宇宙剧场

世界上可曾有这样宏伟的剧场，它能把日月星辰包罗收藏；人间哪里会有这么巨大的银幕，它能辉映出宇宙的景象。天文馆不就是这样的地方吗？那巧夺天工的天象仪，把灿烂辉煌的星空放映在半球形的银幕上，让广大观众遨游太空，饱览宇宙风光，了解天文知识，看到古往今来天南地北的天文现象，真是壮美极了！配备天文馆员可以说是

▼北京天文馆建筑效果图

* 本文作者为已故科普作家李元

近代科学普及事业的杰出设计，是把天文学大众化的最有力的工具！1957年9月，我国第一座天文馆——北京天文馆建成开幕了，它成了宇宙的剧场，也是天文的课堂。1958年1月28日《人民日报》刊登了美术家邵宇书写的“北京天文馆”，并且配有赞美的语句：

天文馆为我们打开了眼界，为我们打开了通向宇宙的大门。在这人造卫星和宇宙飞船飞翔的时代，星空、宇宙、太空……这些主题从来没有象今天这样更能引起人们的注意和兴趣。天文馆的建立，对于向往科学和幻想未来的人们是更有意义的。

多年的梦想

世界上第一台天象仪和第一座天文馆是在1923年诞生的。而在北京天文馆建成时，世界上先后建有二十几座天文馆，但其中有一半毁于第二次世界大战。

中国天文学会出版的《宇宙》期刊第二卷第八期（1932年2月）最早刊登了中国天文学会的创始人高鲁写《假天——就是一架天象仪》，这是一篇介绍天象仪和天文馆的讲演稿。

早在20世纪30年代初，我国有一些游学人士就在《欧游杂记》等书中报导了对德国天文馆的观感，并且渴望我国也能建立天文馆。最早在科学杂志上介绍天文馆的就有《宇宙》《科学》《科学画报》等期刊。最初我国把Planetarium一词翻译作“假天”“假天仪”“假天馆”。《科学画报》1935年5月下期（二卷二十期）上就刊登了一篇侠师写的“普及天文知识的假天”，封面也是假天院的图解。当时天文界的一些热心人曾想用出售天文纪念邮票或开设股份有限公司的办法来建立天文馆，但都因不着实际、没有条件而未能实现。可是天文学家仍没有放弃这个新鲜事物。张钰哲在1934年出版的《天文学论丛》中发表了假天长文，并附有假天仪和假天馆的照片十多幅。陈遵妫在1935年出版的《宇宙壮观》中也介绍了假天仪。李晓舫（李珩）在《科学》1940年4月号上也发表了当时世界上假天馆的活动概况。这些相关文献，对于后来推动我国的天文馆事业有过一定作用。解放前夕，我在上海旧书摊上偶然购得纽约天文馆的参观指南，使我对于一个完整的现代天文馆有所了解，认识到这项事业的重要性。解放后就积极推动，决心要在我国建立起自己的天文馆。

新中国天文馆的曙光

解放了，我国科学事业得到空前的发展，人们相信新中国天文馆的曙光在望，多年的梦想肯定会实现的。但是，创建一项事业毕竟不是一件容易的事情。首先应该回顾一下当时筹建我国天文馆的历史因素和现实条件。世界上的天文馆并不多，在亚洲，只有日本的东京和大阪有两座天文馆。天文馆所以不能在世界上大量建立的主要原因是由于它的设备比较昂贵和建筑技术又比较复杂，投资比一般电影院多10倍左右，而且它是以科学普及教育为目的，投资高而赢利小。天象仪的制造供应只有当时民主德国耶拿的蔡司光学厂一家，售价很高（20世纪50年代初期，每台天象仪售价为15万美元）。解放初百废待兴，经济条件还不具备。另一个原因是舆论条件也不成熟，从上到下对什么是天文馆还不很了解，因此当时只能从两方面进行准备工作。一是向国外联系，首先是向民主德国蔡司光学厂索取天象仪和天文馆的历史科技资料。同时也向苏联和美国搜集天文馆的各种资料供我们在筹建天文馆时参考。另外还需要在国内进行天文馆事业的介绍和宣传，制造舆论，促使条件早日成熟。1951年7月号的《科学大众》，9月号的《科学普及工作》，1953年10月号、11月号、12月号的《科学大众》都登载了有关天文馆特别是介绍莫斯科天文馆的文章。天文学家李珩在中国科学院紫金山天文台与地球物理研究所合编的《天地年册（1952）》上也撰文介绍天文馆；张钰哲于1953年随科学院代表团访苏后，在《苏联天文学专业考察报告》中也提到莫斯科天文馆，并着重提出建立北京天文馆的建议。我根据从民主德国、苏联、美国搜集到的天象仪和天文馆资料并参考有关书刊，于1953年写成《关于建立北京假天馆（天文馆）的计划》数十页，请张钰哲台长转请中国科学院竺可桢、吴有训二位副院长审阅。不久我就收到吴有训副院长的手书，大意说，北京市对建立天文馆一事非常积极，《建馆计划》已送请北京市讨论，一定会有良好反映。

吴晗同志的关心和支持

1950年冬，我到北京中央文化部的科学普及局参加一个科普工作时，和中央人民科学馆筹备处（即后来的北京自然博物馆）的有关同志讨论了将来在北京建立天文馆的问题。正好科普局局长袁翰青刚刚访苏回来，兴致勃勃地和我谈到苏联天文馆给他的印象，也谈到未来在我国建立天文馆的设想，我受到很大鼓舞，决心为此贡献最大力量。1951年夏，北京市副市长吴晗参加了在柏林举行的第三届世界青年与学生联欢节，参观了民主德国蔡司光学厂所在地的耶拿天文馆后，对天文馆在科普教育上的作用评价很高。吴晗是北京市主管教育工作的领导，对在北京建立天文馆予以极大的注意和兴趣。1951年9月《人民日报》发表了我国代表团关于参加柏林联欢节的报导文章，其中提到蔡司光学厂送给中国青年一套天文仪器的事，据传就是小天象仪。当时我正在四川参加土改，不久我接到张钰哲台长的来信，嘱我在土改完毕返回北京时，把民主德国送的小天象仪在北京设立一个小天文馆的事推动起来。那年11月我回到北京，才知道送来的是一个天象仪的模型，并不能放映星空。这不过是蔡司光学厂向我们做的一种广告宣传。经过袁翰青的介绍，我在11月14日到北京市人民政府见到了吴晗副市长，他热情地介绍了在德国参观天文馆的情况与他个人对建立北京天文馆的意见。当时他还拿出耶拿天文馆送他的天象仪和天文馆的两张照片转送给我，要我把在北京建立天文馆的事进行起来，上面的事由他去推动。虽然我和吴晗同志是第一次见面，我却被他对天文馆事业的关心和支持深深地感动了。事实证明，后来他一直对筹建北京天文馆给予巨大的实际的支持并倾注了不少心血。文化大革命中吴晗遭到错误批判和迫害，不幸含冤而死，令人悲痛。回顾建馆往事，我对他表示无限的怀念，他送给我两张德国天文馆照片仍侥幸残存，成为永久的纪念。

1953年夏我接到吴晗的一封亲笔信，大意说，建馆计划已经由科学院转来，他个人非常赞成，并且说将来可以把建国门旁的北京古观象台上的天文仪器也并入北京天文馆开放展出，建馆计划将送请有关会议讨论。后来知道，建馆计划原则通过，但因经费无着落而一时不能实现。

建馆时机终于到来

1954年全国科普曾函请中央文委拨款兴建北京天文馆，当时因种种原因暂时没有实现。但实际上，此事已经在逐步酝酿。

1954年夏，我驻民主德国使馆向外贸部门反映说，民主德国的蔡司天象仪是一种科学普及教育的有效仪器，德方因对我有贸易差额，建议我国购买这种仪器为一部分外贸补偿。后来这份文件转到中央文委。同年9月中央文委开会决定筹建北京天文馆，并由中国科学院负责办理。当时中科院决定从院年度经费中调剂出200亿元（即人民币改革后的200万元）作为建馆经费。至此，酝酿多年的天文馆筹建方案已经达到成熟阶段，即将变成现实。9月10日，我在南京紫金山天文台接到中科院的电报，嘱携带天文馆的全部资料速去北京工作。当时我真是万分激动，这是每一个人在他理想的事业即将变为现实时所特有的感触。9月中旬，我来到北京开始参加筹建天文馆的工作。

筹建工作首先得到中科院竺可桢、吴有训两位副院长的关怀和鼓励，我在院办公厅秦力生主任和陈宗器副主任的领导下，草拟天文馆的筹建报告，并得到全国科普副秘书长彭庆昭和朱兆祥同志的领导协助。北京市吴晗副市长更是关心备至，大力支持，保证配备各种建馆条件。

天文馆筹建计划

1954年9月17日，全国科普曾就筹建天文馆一事致函北京市人民政府，9月21日，吴晗副市长予以批复。

1954年9月21日中国科学院以<54>院文字第3433号文件将《北京假天馆（天文馆）筹建计划》报请中央文委批准。

筹建计划的主要内容包括以下几项。一，概说，天象仪和天文馆的性能介绍和建馆意义，外国天文馆的现状。二，确定北京天文馆的规模和内容，拟设有天象厅，演讲厅（电影厅）、展览厅、图书馆、天文台、天文广场、办公楼、实验室、宿舍楼等。三，成立筹建机构，由科学院、全国科普协会和北京市联合组成，由科学院领导。筹建机构的工作包括订购仪器（天象仪、天文望远镜等）；设计建筑，定出规模、面积和地址，要选在风景优美、交通便利之处，兴工建筑并安装仪器。四，天文馆成立时，科学院将天文馆移交全国科普协会领导。

这个筹建报告不久就得到中央文委的批准。

建馆的第一步工作是立即通过外贸部向民主德国订购蔡司天象仪一台（60亿旧人民币）、13厘米蔡司折射望远镜一架（5亿元），电影放映机，幻灯机等设备（约合5亿元）。仪器费用共计80亿元旧人民币。当时就由科学院器材处办理了订货手续。

第二步工作是提出馆址、布局、面积和设计方案。

各项筹备工作由于北京市的积极协助使工作开展比较顺利，特别是吴晗副市长和市文委李续纲秘书长亲自领导，召开会议，安排人手，落实设计和基建单位，使建馆工作有了切实保证。

为了全面开展工作，迅即由各方面抽调人员成立筹建办公室。当时中国科学院由紫金山天文台抽调我，全国科普由上海科普抽调卞德培，北京市文委办公室抽调王同义等参加筹建工作。以后人员陆续增加并且在1955年春由中国科学院调请当时担任上海徐家汇观象台负责人的天文学家陈遵妫来京担任馆长，主持筹建工作。至此，建馆工作得以大步向前迈进。

选址、定点和设计

当时天文馆的仪器已经订购，主要问题就在于基本建设的设计与施工。而设计的前提是馆址的确定、天文馆整体规划的确定以及作为天文馆心脏部分的天象厅的规模和技术资料的供给。这些条件如不具备，连设计都难进行，更不用说备料和施工了。

在选址问题上几经周折。最初确立的馆址原则是：交通便利，环境优美，并有发展余地。竺可桢副院长、吴晗副市长、彭庆昭副秘书长、李续纲秘书长以及建筑学家梁思成教授、张开济总建筑师、宋融建筑师，陈遵妫馆长等都参加了实地调查及选址。由于考虑到天文和天坛在含义上有一定联系，所以第一次选址是在天坛公园内。但因为天坛总体规划尚未确定，如果建筑在祈年殿附近，观众来往既不方便而且也可能破坏了这座著名古建筑的格局。后来又去鼓楼选址，想把天象厅建立在鼓楼上面，但因建筑施工不现实，也无发展余地而作罢。第三次又到后海选址，想利用北海公园后门斜对过的一块三角地来建馆，但由于这个地区过小，拆迁民房任务大，势必影响施工进度，而且水位过高给天文馆的施工带来很大困难，也没有通过。最后选定了现在的西直门外大街南侧，北京动物园对面的一片空地上。这里的优点是面积大，搬迁任务小，交通便利，与附近的北京动物园、北京展览馆构成一个文化、游览中心。

馆址确定后就着手进行设计工作。

在设计过程中，由于基建任务迟迟不能下达北京市，而使设计和组织施工力量都感到困难，为此，中科院郭沫若院长于1954年11月20日以科学院（54）院文字第4072号文致函陈毅副总理（当时他是主管科学工作）请同意将天文馆的基建任务交由北京市办理，以利工程顺利进行。陈毅副总理于11月24日批示同意交北京办理。根据这个批件科学院于1954年11月25日（54）院文字第4145号文致函北京市人民政府，提出北京天文馆的基建任务交由北京办理，从此基建任务就正式拨归北京市负责办理，一直到筹建完成。北京天文馆及其附属建筑（包括天文台、气象台、办公楼、宿舍及车库等等）共占地约25,000平方米。为了使用上的便利，我们把总平面布置划分为两个区域，一个游览区与一个服务区。把一切办公、宿舍、车库、锅炉房等建筑都集中在基地东部的服务区，而把天象厅、展览厅、演讲厅、天文台、气象台等对外开放参观的建筑都布置在基地的西部，使它成为一个自成格局而不受供应路线干扰的游览区，同时西面还留有发展的余地。

北京天文馆的总体设计是根据我们确定的工作项目、活动范围和仪器设备，并参考了一些外国天文馆的情况而进行的。天象厅半球形银幕的直径定为23.5米，这是按照我国订购的蔡司天象仪的要求确定的，天象厅内观众的座位定为600个。

建馆需要的技术参考资料

馆址既已确定，基建设计也将积极进行，因此就迫切需要天文馆和天象仪等方面的

▲为确保建馆工作的顺利进行，中国科学院从各方面抽调人员成立北京天文馆筹建办公室，左一为李元。

有关技术资料。我们过去虽然也搜集过一些，但只限于一般参考使用，远不能满足实际建馆的要求。为此便需要积极组织力量，查找和编译有关文献资料。

1. 蔡司天象仪。民主德国Heinz Letsch编著，这本小册子是对蔡司天象仪和世界天文馆的基本的概括性介绍。从历史发展一直讲到现状。比较详细地介绍了蔡司天象仪的科学原理和构造，性能以及放映圆顶和建筑上的技术问题，是建立天文馆的基本参考资料。

2. 纽约天文馆建筑经验报告。叙述了在建筑纽约天文馆时所遇到的技术和建筑上的一些困难及其解决的办法。着重讨论了大圆顶的建筑施工问题，并附有施工照片16张。这对我们天象厅的设计和施工很有用处。

3. 莫斯科天文馆的10年（1929~1939）刊载于1940年的苏联《天文学杂志》，其中介绍了莫斯科天文馆的建馆经过和10年工作经验。

同时，第二次世界大战后建立的第一个天文馆——斯大林格勒天文馆（1954年9月19日开幕）也寄来了有关该馆的建筑照片与蓝图供我们参考。

我们还委托了对外贸易部去民主德国工作的张济舟等同志为我们联系仪器和建筑方面的技术资料，找到蔡司天象仪的详细说明图册，从而解决了建筑方面的（特别是圆

▲张钰哲等为北京天文馆的选址四处奔波

顶）有关设计问题。并向西德订购了一台当时国内无法解决的水泥喷浆机，这是喷制天象厅水泥薄壳圆顶时所不可缺少的工具。设计人员还前往南京紫金山天文台等处参观了解天文台圆顶结构和建筑问题。

动工的日子来到了

一年以后，设计施工力量、备料及有关工作基本准备就绪，1955年10月24日，北京天文馆正式动工的日子终于来到了。为此新华社发表了“北京天文馆兴建”的消息，刊登在10月25日的报纸上。公告全国：我国第一个天文馆——北京天文馆24日在北京西郊动物园附近开始动工兴建。

北京天文馆是全国科普在中国科学院和北京市人民政府的协助下筹建的。这个馆的主要建筑是一个具有23米直径的大圆顶的天象厅和两个展览厅。天象厅内主要设备是德意志民主共和国蔡司工厂制造的天象仪（过去叫假天仪）。它将被安装在大厅的中央，随时可以进行作人造星空的表演。天文馆还有一个装备着口径13厘米望远镜的天文台和一个可作一般气象观测的气象台。

在新华社发表这则消息的同日，《光明日报》发表了我的长文《现代天文馆事业的发展》，向广大读者介绍了天文馆事业的基本情况。不久，北京天文馆馆长陈遵妫在11月4日的《人民日报》上发表了“中国第一座天文馆的兴建”长文，介绍了北京天文馆的建设规模和工作任务，并且第一次发表了北京天文馆的设计立面图，这样，北京天文馆的基本情况和它的未来形象就为全世界所知道了。

北京天文馆的基建工程于1955年10月开始动工，根据当时条件，先建办公楼和宿舍楼，至于天象厅、展览厅、演讲厅等主体工程设计比较复杂，在1956年6月才开始建筑，到1956年年底前，土建部分及圆顶结构部分已基本完成。但是天文馆最主要最复杂的天象厅部分一直到1957年5月才基本完工。在这项工程中，民主德国专家卡尔博士和库尼斯工程师来京曾经参与设计。

关于天文馆的设计和施工等情况，张开济、宋融、邱圣瑜等在“北京天文馆”一篇专题报告中做了详细的叙述，刊登在1957年第一期的《建筑学报》上。美术家吴作人、艾中信、周令钊，雕塑家滑田友、王临一、曾竹绍等在建筑的美术设计上贡献了不少力量。在1957年举行的中国人民政治协商会议上的大会发言中，全国科普副主席、著名科学家茅以升特别向全体委员介绍了建设中的北京天文馆。

北京古观象台的新生

收回并整修开放世界的天文古迹——北京古观象台，是应该在这里补插一笔的。

北京古观象台（包括仪器和附属建筑群）是世界上保存得最完整的天文古迹之一，已经有约700年的历史。它不仅象征着中国天文学的悠久历史和传统，而且由于在东西文化交流史中占有重要地位，一直受到国内外的关注。

北京天文馆筹建后就积极进行古观象台的收回工作。1956年开始进行整修，制作展览，于1956年“五·一”节正式对外开放。清代制造的黄道经纬仪、天体仪等8件天文仪器，都是用青铜铸造，刻有龙、云图案，是科学和艺术的结晶，在国际上负有盛名。这座举世闻名的古天文台，在与世隔绝了数十年之后，又向世界开放。除经常性的开放外，1956年9月，在火星接近地球时进行了大规模的观测火星的科普活动，参加者共有13,000多人，陈毅同志等也亲自到台用望远镜观测火星。

业务人员的成长

在基建进行的同时，北京天文馆也开始培训干部、业务人员。其中一部分是为了天文馆建成后担任科学普及宣传的人员，例如在天象厅要利用天象仪的表演进行讲演和讲课，在展览厅的工作中要编制和讲解天文知识展览，在天文台和气象台担任观测和讲解以及外出搞科普活动的人员。此外还要有担任编写、编辑的工作人员，美术、摄影等工作人员。还有一支重要的技术人员，就是要担任天象仪、望远镜、电影机的安装、使用、维修的机械、电机等方面的人员。所有这些业务干部和技术人员除一般基础科技知识外，也都需要具备中等程度的普通天文知识。我们选用了苏联十年制中学《天文学》教本的中译本为基础教材，由我国大学天文系毕业后分配来馆的专业人员和一些在天文普及工作上有经验的同志担任讲课，讲授天文知识和天文普及的工作方法和经验等，并经常参加外出科普活动进行实际的天文普及工作，进行锻炼和提高。1956年冬，北京天文馆还派陈遵妫、卞德培等去苏联莫斯科、斯大林格勒、基辅等地的天文馆参观访问。

天文馆的中心是天象厅，这里的工作是最关键的。天象仪在1955年6月就由民主德国蔡司厂运到北京，由于基本建设的进度较慢，一直到1957年4月才开始安装。在这以前，有关人员先对天象仪的有关技术资料进行了学习，其中最主要的一份资料是蔡司天象仪的详细说明书，附有详细的结构图和线路图。另外还参考了美国《American Machinist》（美国机械师）期刊1929年8～11月连载的Henery Simion编写的长文

▼北馆破土动工时的场景

▲北馆天象厅底盘结构建成

“蔡司天象仪的设计”（The Design of the Zeiss Planetarium）等文献。安装从4月起用了两个半月的时间，在德国蔡司厂专家的指导下安装完成，由于准备工作细致充分，仪器安装较为顺利，而且通过实际工作，我们工作人员自己完全掌握了天象仪的有关技术。

1957年6月17日天象厅举行了我国第一次的人造星空表演。多年梦想终于实现，我们的心情是十分激动的。试演效果良好，新华社还为此发表了一篇特写“我国第一次人造星空表演”的电讯稿。天象仪放映出来的星座名称月份等字幕全是中文的。这是在订购仪器时由我们把所有中文译

▲内部结构搭建完成

名按规格写好交给德国蔡司厂专门制作的。

1957年8月，北京天文馆的外貌已经崭新地展现在首都西郊，特别是那个巨大的紫铜皮外壳的天象厅圆顶，在阳光下闪耀着光芒，异常吸引人们的注意。8月1日中国人民解放军建军30周年纪念日，北京天文馆在正式开幕前，特地举行了“到宇宙去旅行”的10场表演，接待了6,000多名解放军官兵和其他方面的来宾，受到热烈欢迎。1957年8月3日

▲国外专家积极援建设施工

▶德国专家帮助安装调试馆内设备

▲已故著名科普作家高士其来到北馆工地

《人民日报》上刊载了该报记者写的“宇宙旅行、奥妙无穷”的特写。

进入世界天文馆的行列

经过了多年的酝酿准备和三年的紧张建设，国家投资共计人民币300多万元的北京天文馆终于建成了。大门上端有郭沫若院长书写的“北京天文馆” 五个金光闪闪的大字，大门内侧墙壁上镶嵌的一块大理石上面刻着：“北京天文馆1957年9月落成”，门厅正面的巨幅“太阳的火焰”彩色壁画上有郭老手书的豪放诗句：

“太阳，宇宙发展的形象，

新中国发展的形象，

科学事业发展的形象，

热火冲天，能量无穷，光芒万丈！”

一九五七年九月北京天文馆告成

题此

郭沫若

1957年9月29日上午，新建成的北京天文馆前的广场上举行了600多人参加的开幕典礼。陈毅副总理等中央领导同志出席了开幕式。天文学家程茂兰等也出席典礼。全国科普主席梁希致开幕词。北京市副市长吴晗和民主德国来宾致祝词。会上宣读了天文学家张钰哲、戴文赛、赵进义等的贺信。

▲1957年国庆节期间，前来参观的观众络绎不绝

最后由中国科学院副院长竺可桢剪彩。600多位中外来宾开始进入大厅参观，并在天象厅看了《到宇宙去旅

行》的星空表演。自1957年国庆节起，北京天文馆面向广大群众正式开放。

开幕典礼后不久的10月7日夜晚，敬爱的周恩来总理来到了天文馆，进行了天文观测，观看了星空表演，并和我们亲切交谈，使全体建馆人员感到无比幸福和鼓舞。

从此，北京天文馆就成为我国天文馆事业的开端，也进入了世界天文馆行列。

几十年来，北京天文馆开展了大量天文普及工作，接待了上千万的观众，并着重对青少年开展科学知识的教育。此外，天文馆还开展了一定的科研工作，编辑出版了很多天文书刊，如从1958年创刊的《天文爱好者》期刊是我国出版的唯一天文普及杂志，很受读者欢迎，为在我国很多地区设立小天文馆做过不少工作。

▲郭沫若题词

*本文曾刊载在《中国科技史料》1980年第二期，本书刊登略作修改

▲正是这张“假天馆”的图片，引领了李元走上天文馆事业之路

返朴归真的麦克唐纳天文馆

当今，天文馆里的表演有两种发展趋势。一种是采用最先进的计算机、多媒体和网络技术，创造出充满刺激、动感和变化的宇宙，美国纽约的海登天文馆可谓是这种趋势的典范；另一种是采用当今最先进的天象仪设备，表现一个最真实、最自然、从我们的地球上所能看到的星空，在光污染日趋严重的今天，这种返朴归真的星空显得尤为可贵。美国新麦克唐纳天文馆可谓是后一种趋势的典范。

2001年6月22日，在闭馆18个月，投资1,300万美元改造扩建之后，美国密苏里州圣

▲麦克唐纳天文馆，新馆在此基础上进行了翻新

圣路易斯科学中心入口

路易斯市圣路易斯科学中心的麦克唐纳天文馆重新开放。新的麦克唐纳天文馆保留了老建筑的风格，选用了世界上最先进的蔡司9型光纤天象仪，扩建了3层楼的展览厅，增加了122件展品，展品一半以上是交互式展览。麦克唐纳天文馆变成了一个巨大的空间站，在这里观众有机会亲身体验到在太空中是如何生活和工作的。

历史由来

地处森林公园的麦克唐纳天文馆建于1963年，是由詹姆士·史密斯·麦克唐纳捐赠的。麦克唐纳于1939 年在密苏里州的圣路易斯市成立了麦克唐纳航空公司。1967 年，他和加州最大的道格拉斯飞机公司合并组成了著名的麦道公司。在麦克唐纳1980 年去世后，麦道公司1997年被波音公司兼并。麦克唐纳天文馆在1985年与科学和自然历史博物馆合并，变成森林公园的圣路易斯科学中心。科学中心由两部分建筑物组成：在奥克兰大街上的建筑物，是一座拥有4个展览大厅750件展品和一个OMNIMAX超大银幕影院、面积达28,000平方米的教育设施；另一个则是奥克兰大街对面位于森林公园的麦克唐纳天文馆。科学中心和麦克唐纳天文馆中间是64号高速公路，一座横跨公路的天桥将它们连结为一个整体。圣路易斯科学中心是美国仅有的两个免费参观的科学中心之一。除了OMNIMAX影院和探索试验室要票以外，其余全部免费。

麦克唐纳天文馆的改造经费是1,300万美元，其中的1,200万美元来自捐赠。麦克唐纳家族400万美元，波音公司和波音-麦克唐纳基金会联合捐赠300万美元，其余来自R·小奥德温夫妇和波音圣路易斯职工基金会的捐款。

天文馆的设施

新的麦克唐纳天文馆拥有一个波音空间站。在空间站内，观众通过交互式展览、实验室和实况转播的太空事件，得以学习和了解在宇航员在太空中是如何生活的。

新的天文馆有3层。一层是天港，包括一个咖啡厅、一个商店、一个引导观众进入科学中心的地下坡道和一个大型电梯——“星星航天飞机”，它可以令观众经历模拟航天飞机点火升空的体验，观众叫喊着集体被“输送”到两层楼之上的波音空间站。航天飞机最引人注目的是有 322个按键、开关和推拉操纵杆的仪表扳，以及用来观察航天飞机点火起飞进入太空的视频监视器。

二层是奥德温星区，拥有一个蔡司9型天象仪的宇宙剧场，在这里座椅被移走了，观众可以欣赏到真实的星空。这里还有包括医疗保健、营养学、机械和环境系统在内的空

▲观众在圣路易斯科学中心的门厅进行体验

间站实验室以及空间站居民的住处，参观者可以了解到人在太空实际居住所需要的舒适条件。

星桥在三层，这里有空间站的监控中心，观众可以参与有关天文和物理方面的活动。在天文区有交互式展览，可以表演不同年代的星空。在通讯区，参观者可以借助计算机联接到科学中心的电子回廊与其他“在地球上的”人通话。

改造的核心思想——返朴归真

2001年6月22日星期五，在经过数月的期待之后，数以百计的观众参加了圣路易斯科学中心在森林公园中改造的建筑——麦克唐纳天文馆的盛大的开幕式。庆祝仪式自下午4点开始，一直持续到午夜。从放飞金色的星星形状的气球，到夜晚的烟火，圣路易斯交响乐管弦乐队也来到这里助兴。在新的麦克唐纳天文馆，观众有机会了解宇航员在空间站上如何生活和工作。

圣路易斯科学中心的空间科学的副主任和项目经理特里·吉普森，为此项目几乎花

▲科学中心高大的展厅里的恐龙模型栩栩如生

▲展厅一角

▲观众在OMINIMAX超大银幕影院里尽情地享受科学的乐趣

费了6年的时间研究计划，投入她全部的热情。新的天文馆中最引人注目的亮点就是在80英尺（24.4米）直径圆顶下的蔡司9型天象仪。9,000 颗以上闪烁的星星和太阳系的行星缓慢地在天幕上移动，再现自然的星空。这里的天象厅不只是做天象表演的剧场，其真正的目的是要帮助人们了解天空是如何运转的，以及如何认识真实的星空。“我们希望能够使人与夜空联系起来”。就如同你从山中的小屋走出来或倒垃圾时，抬头仰望天空所体验到的。“我希望人们能够就像在自家的后院辨认天空的方向，然后学习自己该如何找到星座”。

老天文馆是Gyo Obata公司设计的一栋已经40年的建筑物，需要新的空调、管线和设备。在保留老建筑物的结构上要做许多工作，才能使它在未来可以继续使用。吉普森强调说：“我们从不想破坏天文馆的建筑物，它深受圣路易斯市民和科学中心职工的喜爱。”建筑物不但年久失修，而且建筑物的形状也是个挑战。一座圆形的建筑物非常没有方向感，这也是为什么将这个项目变成一个空间站。展品陈列方式改变的部分原因就是由于建筑物的形状。

吉普森表示，她真的想使圆顶的直径尽可能达到最大值。这个激动人心的建筑的面积从原来的37,000平方英尺扩大到 43,100平方英尺。其中包括一个直径80英尺（24.4米）的天象厅和近22,500平方英尺的展厅。安装在新天象厅剧场中心的是从德国蔡司公司订购的售价350万美元的蔡司9型天象仪。

圣路易斯是世界上第4个安装蔡司9型天象仪的场馆。其他3台蔡司9型天象仪分别安装在美国纽约的海登天文馆、美国加州奥克兰查伯特空间科学中心和德国波鸿天文馆。这种利用光导纤维技术创造的深邃的夜空非常灿烂，甚至在周围回廊的灯光下依然可以看到的天空的星星。如果仔细观察可以发现星星的颜色如同肉眼在夜晚中看到的自然的星空反映出的色调。同样增加的“闪烁”的效果也像自然的星空一样熠熠闪耀。

吉普森说：“当第一次听说光导纤维天象仪时，我开始有一个念头，就是能够行走着而不是被禁锢在一张椅子中观看节目。”以前剧场的椅子已经被移走了。现在，新的技术让人们重新考虑天文馆是什么样的，科学中心怎样影响观众。

圣路易斯科学中心目前是世界上的十大科学中心之一、美国的五大科学中心之一，每年到圣路易斯科学中心访问的观众达150万。麦克唐纳天文馆的重新开放，使人们看到了久违的星空，也使人们更接近太空。“先进的设备可以启发孩子的头脑去接近那些总是存在的问题。如天是什么？一颗星星是什么样的？我怎么能到那里而且能做什么？”天文馆是连结这些想法和问题的手段，它将帮助观众去解决这些问题。天文馆告诉他们如何理解我们周围发生的事情，在遥远的太空中人们是如何生活的。天文馆应当唤起人们的好奇心，使人们了解还有许多未知的事情等待探索。天文馆是沟通人与宇宙的桥梁。

以太空为主题的香港太空馆

香港太空馆以其独特的建筑，先进的设备和鲜明的太空主题成为亚洲乃至世界著名的大型天文馆之一。

香港太空馆位于中国香港尖沙咀，毗邻香港文化中心和香港艺术馆，是隶属于香港康乐及文化事务署的博物馆之一。它占地8,000平方米，于1977年7月16日动工兴建，1980年10月7日开放，是香港地区以推广天文及太空科学知识为主的天文博物馆，也是世界上设备最先进的太空科学馆之一。香港太空馆分东、西两翼。蛋形的东翼是太空馆的核心，内设何鸿燊天象厅、太空科学展览厅、全天域电影放映室、多个制作工场及办公室；西翼则设有天文展览厅、演讲厅、天文书店和办公室。太空馆独特的白色蛋形外壳设计，早已成为香港特别行政区的一个地标。

香港太空馆每年制作两部多媒体天象节目，并精选各国出色的全天域电影在馆内播放。展览厅主要分为太空科学和天文两大部分。

香港太空馆每年举办不少推广活动，包括星空巡礼、天文快乐时光、趣味实验班、天文比赛、天文讲座、天文电影欣赏等。太空馆的网站也内容丰富，更是获取观星数据、基础天文知识、最新天文信息和教学资源的好地方。

香港太空馆的天象厅直径23米，最初有315个座椅，中心安装了可自动升降的蔡司VIA型光学天象仪，能将天空中包括太阳在内的8,000多颗恒星、月亮及金、木、水、土五大行星投射到天幕上。IMAX球幕电影系统是东半球第一座全天域电影放映设备。厅内的六声道音响系统，有几十组扬声器，效果极佳。香港太空馆是世界上最早拥有全自动天象节目控制系统的天文博物馆之一。2004年，为答谢何鸿燊捐助2,000万港元弘民基金，太空馆天象厅被命名为何鸿燊天象厅，为期15年。

2008年11月，香港太空馆耗资约3,400万港元，对天象厅进行大型翻新工程。2009年7月1日天象厅重新开放，增加了一套全新数字天象投影系统，分辨率超过5,300万像素，可实时模拟在任何时间从宇宙中任何地点观看的星空，也可播放全天域动画和电影。观

▲香港太空馆外貌

▲夜晚的香港太空馆好似镶嵌在尖沙咀的一颗明珠

众在此有“飞往”宇宙之感，可漫游某个恒星或其他天体，更可飞至宇宙尽头，研究宇宙的宏观结构。目前，只有极少数天文馆拥有这种高分辨率的数字天象投映系统。

另外，天象厅更新了座椅。座椅数量虽减为270个，但配备了多语言互动系统，椅背的斜度可配合天幕的弧度。新座椅系统采用无线蓝牙技术的耳机，观众可以选择粤语、英语、普通话或日语解说，也可互发短信，进行即时问答游戏、提供意见调查。

拥有如此先进的设备，观众不再只是在地球表面抬头望天，更可以由太阳系的八大行星的不同角度仰望太空，也可探索不同星座的面貌，甚至从外层空间反观地球北极光的变化等。

太空馆放映的天象节目《追星先锋》，为观众介绍了当今探索宇宙的最新方法，包括在南美洲智利帕端纳山上的甚大望远镜，看到拍摄得极为清晰的星空照片；美国2014年发射的詹姆斯·韦布太空望远镜，通过红外波段观测了解星系的起源；欧洲建造的世界上最庞大的粒子加速器——大型强子对撞机，用于模拟宇宙大爆炸及宇宙诞生初期的情况。节目同时呼吁大家共同努力为解开宇宙之谜做出贡献。

全天域电影《巨眼探苍穹》，让观众见证了哈勃空间望远镜最后一次的重要维修任务，一同经历航天飞机升空的震撼时刻，近距离观看宇航员在太空中工作的情景等。《铁鸟梦飞翔》展现了不同年代的飞机设计，观众可以紧随首席试飞员参与波音787客机试飞，目睹新一代铁鸟的研制过程。

太空馆的展览主要分天文和太空两大部分。天文展览介绍了古代天文学和现代天文学的成就。中国天文学家在1054年观察金牛座超新星爆发的记录，被誉为天体物理学的宝藏，是研究天体的珍贵资料。西方古代的天文遗迹，如英国的巨石阵、埃及的金字塔、秘鲁的拿斯卡平原以及现存最古老星图之一的敦煌星图和各种古代天文仪器在这里都有介绍展示。

太阳科学展厅有围绕太阳主题的12组展览，介绍太阳结构、太阳的各种现象和太阳的研究史等。厅内安装1台20厘米口径的太阳望远镜，可以看到太阳的日冕、日珥、色球和光球等，观众可以自己操纵一些仪器。

航天科学展览介绍了火箭发展史、现代空间探测技术、陈列有航天飞机驾驶舱内控制及操作系统的实物原大模型和宇宙飞船密闭舱先锋10号等模型等。在这里观众可以了解人类认识宇宙与开拓太空的历史和故事，并可体验模拟宇航员“多轴椅”的训练和在“月球漫步”中感受宇航员失重时身轻如燕的写意。

地下展厅将利用现有的环形和单向走廊展示宇宙演化，配以变幻灯光效果、墙上壁画和配合主题的装饰，让观众犹如置身幽暗而神秘的太空环境内。一楼展览厅的主题将会环绕太空探索和日地关系而设计，营造一个超现实的未来世界，让观众体验在太空生活的个中滋味。

香港太空馆地处繁华的尖沙咀，想要开拓空间，或者进行夜间天文观测实属不易。因此，2008年太空馆在香港西贡建立了首个遥控天文台，2010年又建成西贡天文公园供市民观星。

遥控天文台位于香港西贡麦理浩夫人度假村，整个天文台楼高3层，屋顶装有一台60厘米卡塞格林式望远镜，是香港目前最先进的专业级天文望远镜。理想天气条件下，使

▲太空馆上映的全天域电影《铁鸟梦飞翔》介绍

用者可借助这台望远镜，观测到光度15等的天体，即比肉眼能见极限暗4,000倍的天体。望远镜连接了一部1,100万像素的天文专业级摄影机，可供使用者通过互联网遥控方式进行天文摄影。除了观测天文外，遥控天文台也用作教学，为教师提供天文培训之用，可容纳280人领略其中的高科技设施。

天文公园位于西贡水上活动中心，是一个观星主题公园，集古今中外代表性的天文仪器和设备，供市民和天文爱好者享受观星之乐。香港太空馆曾在此举办“天文公园开放日”，以提高市民对天文学的认知及对日月星辰的兴趣。

香港太空馆经常举办各种专题展览、专题讲座、系列讲座、天文课程、天文观测、

▲风景优美的西贡天文公园

天文电影等普及推广天文知识的活动。举办过的专题展览和专题讲座有《细说超新星》《哈勃的挑战 —— 转危为机·否极泰来》和《2050天文科学大预言》，请了香港和NASA的专家担任演讲人。开设过天文望远镜制作课程，共分 7讲和8次实习，让学员学会制造一架12厘米口径的反射式天文望远镜。太空馆在遇有重大天象，如日食、月食或者流星雨时，会组织观测活动。当“神舟”飞船发射和“嫦娥”飞船奔月时，组织市民到太空馆观看升空直播，因此受到香港市民的欢迎。另外太空馆还免费举办少年航天员体验营，通过让香港学生深入学习和体验中国航天员的训练过程，让学生认识中国在航天科技上取得的伟大成就，激励学生学习天文和航天科技。

香港太空馆与香港中文大学物理系及香港天文学会联合举办“中学生天文训练计划”，目的是让本地中学生有机会接受较全面的天文学训练，从中培养及深化学生对自然科学的兴趣。太空馆希望参与计划的同学能将所学回馈所属学校，在校内协助推广天文活动，让更多的同学能够领略天文的乐趣。训练计划内容同时兼顾理论及实践两方面，希望同学们不但获得天文学上的知识及训练，而且培养出独立处理问题及组织活动的能力。香港太空馆现正在馆内开设一个天文教育资源中心，希望能为

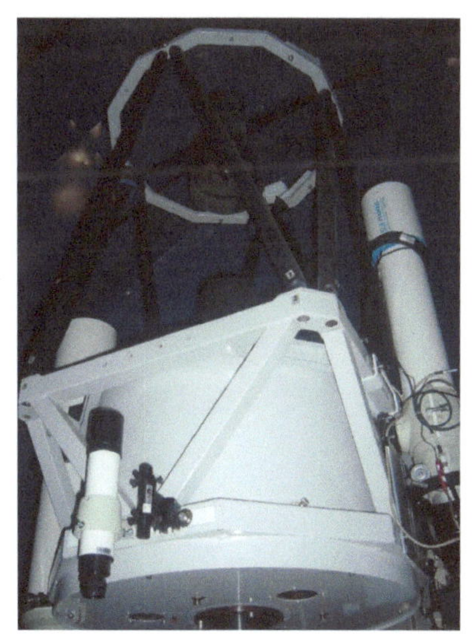

▲香港地区最先进的专业级60厘米卡塞格林式天文望远镜

香港教育界进一步提供实质性的天文教育支持。

香港的人口超过660万，每年到香港太空馆参观和参加活动的观众约68万人次，大约占香港总人口的十分之一强。香港太空馆靠什么吸引如此众多的观众？除了世界上一流的太空科学馆设备，天象厅定时更换的天象节目和全天域电影，带给观众最震撼和逼真的享受；丰富的天文和太空科学展品，以及各种及时的推广活动之外，最重要的是太空馆有一支积极进取、尽忠职守、敬业乐业的工作队伍。如果你有幸到香港，一定到太空馆看看吧！那里一定会带给你新奇的感受。

▲2009年为纪念人类登月40周年而隆重呈现的展览

▲香港太空馆精心制作的印刷品

镶嵌在柏林的一颗明珠*

1989年10月，东西德还没有统一，我在西德参加一个国际科技会议后，归途中访问了“年轻”的柏林天文馆。该馆的技术馆长D. 斯塔考夫斯基接待了我，并带我参观了这座天文馆的仪器设备，介绍了各方面的工作。

其实柏林早在1926年就建立了天文馆，但毁于第二次世界大战。阿黑霍德天文台（Archehold Sternwarte）中虽然设有小型天文馆，但它不能满足柏林人的要求。上世纪80年代中期才在离市中心不远的台尔曼公园中建立了这座由耶拿的蔡司光学厂供给仪器设备的大型天文馆。天文馆巨大的银白色球形建筑在1987年10月9日落成开幕，遂成为柏林的一颗明珠。

天文馆以天象厅大楼为中心，两翼连接着旋转阶梯塔楼和电影厅、图书室等附属建筑。进入大门，就是宽敞的门厅，离天文馆晚场还有半个多小时，但这里已经是十分热闹了。刚进门就是售票处，票价2马克，比西柏林天文馆便宜一半。厅的中央是六面体的玻璃橱窗，陈列着天文照片和各种天文图书，一个橱窗内陈列着很多科幻小说，很受青少年的欢迎。门厅内还有一个特设的橱窗，是专为世界著名的耶拿卡尔蔡司厂（CARL ZEISS JENA）开设的，其中展示了有关蔡司天象仪的图片及蔡司天文馆的照片，还有蔡司望远镜的实物等。在门厅的另一头还有一张大的图版，画着这座天文馆的建筑详图、横断面和纵断面图；此外还写着民主德国乌兰尼亚科普协会在这里举行科普活动的通告。和大门相对的一边是售书处，有民主德国出版的大幅天文挂图、天文图书、期刊等。

天象厅圆顶直径23米，巨大的洁白银幕是用铝片拼合成的。厅内设有300张极为舒适的软椅，地面铺设着咖啡色地毯。

大厅中央是当时最新式的宇宙天象仪（COSMO · RAMA）。蓝色的机身，显得格外轻巧美观，就是它把宇宙的壮丽景象演示给千千万万观众的。

* 本文作者为已故科普作家李元

雄伟静谧的柏林天文馆外景

天象仪的剪影勾起人们无限的遐思

2015 年飞往火星

钟声响后，大厅的灯光渐暗，巨大的字幕出现在银幕上——“Marsflug 2015”（2015年飞往火星），顿时一阵洪亮的音响如雷声一般从四面八方隆隆而来，接着就是宇宙飞船腾空而起，它越飞越远，船身越来越小，直向那无边的星空飞去。这个不平凡的开头把观众吸引住了。接着是对宇航事业的回顾，从古代火箭的发明，到俄国齐奥尔可夫斯基等人对宇宙飞行的科学预见，以及法国儒勒·凡尔纳飞往月球的科学幻想，再到1957年第一颗人造卫星的诞生，还有加加林飞上太空和1969年人类登上月球等。这些都用特技表演，有强烈的立体感，非常动人，再加上立体音响效果，观众如身临其境。

一个巨大的蓝色地球出现在星空中，它在缓慢地转动着，观众就象是宇宙飞船中的乘客，从窗口嘹望太空中的地球。接下来是人类对火星的认识过程、火星在星空中的位置、运行的规律，对火星运河与火星人的设想等。忽然，四周的地平线出现了大海和起伏的波浪，一艘海盗船张帆航行在海面上……转眼间这艘帆船又冉冉上升直奔火星而去，这就是关于“海盗号”宇宙飞船飞往火星的演示，设计和配合都十分巧妙。场景突然变换，橙色的火星表面的巨石和沙漠已呈现在观众的眼前，那就是1976年“海盗号”

宇宙飞船在火星上拍摄的景象。忽而又传来了飞船的隆隆声，我们的那艘2015年飞往火星的飞船安全降落在神秘的火星上了，几百位观众在天象厅内经历了一次令人难忘的跨越世纪的飞行，最后在天幕上用3张幻灯片放映出制作节目的全体工作人员的名单。整个45分钟的放映是用计算机软件按程序进行放映的，技术馆长和另一位技术人员在5米多长的操作台前掌握着全过程。

放映完毕，技术馆长请我到他的工作室小坐，送给我若干柏林天文台和天文馆的资料以及一枚精致的银白色的纪念币，币的正面是柏林蔡司天文馆的全景浮雕，背面刻着ZEISS GROSS PLANETARIUM 1985~1987 BERLIN（柏林蔡司大天文馆，建造于1985~1987年）。第二天电影厅技术馆长带领我几乎走遍了天文馆的各处。

从前厅的一角可以进入电影厅，这里大约有200张座椅，有讲台，有宽银幕，环境十分舒适雅静。除了放映电影以外，在厅中央还放着一架大型投影机，可以把录相放映在靠近讲台的大幅屏幕上。

太阳投影装置

在螺旋阶梯塔楼的三层室外，有一座太阳望远镜，它可以把太阳的影像、太阳黑子都通过水平式的反射镜投射在一个小型屏幕上，供人在室内观看，非常方便，这和美国洛杉矶天文馆的太阳望远镜十分相似。

激光放映室

这是近年来兴起的一种天象厅的特殊表演设备，这一设备主要是为了增加天象表演的丰富多彩。在民主德国只有耶拿和柏林天文馆有激光表演，而且印成4种激光表演的彩色图案出售。

音响控制室

在天象厅外的一个房间内有相当完整的设备，6个频道的线路、近百个电钮可以配合使用，能使节目达到立体声化。

附属仪器圆廊

有90多个放映器放置在天象厅天幕下端的圆廊内，从四面八方射向天幕，组成各个行星、卫星上的全景风光和各种特技表演。这些设备全是该馆设计制作的，与北京天文馆的设备相类似。

天象仪升降装置

柏林天文馆的天象仪有升降装置。这种装置的用途大致为：保证天象仪的安全和清洁，方便维修，仪器降下后天象厅可以有多种用途，如乐队可在厅中央演奏。有这种设备的天文馆，世界上为数不多。

宇宙天象仪

这是天象仪诞生地——蔡司光学厂向全世界夸耀的最新型天象仪。它演示的星象逼真，运转自然，十分协调。这种新型天象仪1984年7月最初出现在加拿大埃德蒙顿空间展览中心。宇宙天象仪可适用于直径17.5米~25米的圆顶内，它是现代光学、机械和电子技术相结合的产品，打破了60年来的传统构思而采用了全新的概念。其特点如下：

1）外观设计优美，色彩宜人。

2）底座上有蓝、绿、红三种颜色的照明，不同天球坐标网的线条也用不同颜色来区别。

3）在太阳和月亮放映器中，太阳周围可出现1度的日晕，日月食的表演合在太阳、月亮放映器上进行，更加自然协调。

4）木星和地球放映器使用了可放大9倍的变倍镜头；土星放映器可以放映土星环不同的倾斜姿态，也用可放大9倍的变倍镜。

5）新的光学设计使恒星更亮、更真实，可放映9,000颗肉眼可见的恒星以及28个星团、星云等天体。恒星球外的放映器能放映出21颗最亮星，甚至能显示它们的颜色。

6）天象仪的两端，各有一个圆柱形放映器分别放映出6个黄道星座图形，其余的星座图形由两端的小圆球放映器去放映。

7）对于周日、周年、极高和岁差运动的表现更加完善，可以演示从宇宙飞船或其他行星上看到的景色。

8）宇宙天象仪可以表现190多套光学放映系统，操作台也较前更加实用和合理。常用的基本电钮加上特殊表演用的可组合电钮，可以实现手控、半自动控制和全自动控制。

为了赶赴柏林机场，只得和柏林天文馆的朋友们告别，汽车开动了，但那巨大壮丽的圆顶再次浮现在我的眼前，令我久久不能忘怀。

日本天文馆印象

日本国土面积虽然只是37万平方千米，但全国有天文馆或含有太空剧场的科学馆300多个。其中直径20~30米的大型天文馆约占到14%。每年到天文馆参观的人数超过200万，约日本总人口的1.7%，由此可见天文馆在日本的天文教育中起着举足轻重的作用。

战后日本经济迅猛发展，人民的生活水平有了很大的改善。人们对物质生活的需求已经转变为对生活质量的需求，尤其是生命质量的需求。为了满足社会的这一需要，地方政府也对此展开了各种形式的讨论，已有的艺术博物馆、图书馆、体育中心和公园等文化设施已不能完全满足日本国民的精神追求，他们需要更广泛的公益教育事业。在这样的背景下，1990年以前的天文馆兴建数量每年递增10%。即使在日本经济仍处在低迷的今天，每年仍有数座大型天文馆建成。

天文馆的构成

日本有独立的天文馆，但为数很少，绝大部分是包含在博物馆、科学馆、科学中心、文化中心、商业中心、娱乐中心、图书馆等各种各样的公众设施之中，大约20%以上的小天文馆（圆顶直径不到10米）建在学校。在日本，只要兴建公众服务设施，往往就会将天文馆考虑在其中，这就是日本天文馆越建越多的原因。

天文馆可以包括太空剧场、展览厅、天文台、研究部、教学部、餐厅和礼品部等。其中，太空剧场中一定有天象仪，它是模拟人造星空的特殊仪器，另外还有辅助效果投影设备，如幻灯机、视频投影器等。有的还有球幕电影，或者激光投影器。大阪科学馆和横滨儿童科学馆都有天象仪和球幕电影。丰川中央图书馆的太空剧场除了天象仪以外，还有全天域激光投影设备。烧津发现公园天文馆甚至安装了光学天象仪和数字天象仪结合的双子星天象仪。展览厅在天文馆中有着举足轻重的地位，所占的比例都较大。尽管日本国内城市化建设规模大，灯光强烈，对观测星空有影响，但是许多天文馆还是建有天文台，有的还设置了天文观测平台，架设多台望远镜，遇有特殊天象时供大量观

▲藤泽市湘南文化儿童博物馆

众使用。如长崎科学馆除了天文台，在楼顶就设了一个可以架设10台望远镜的天文观测平台。天文馆的研究部门主要负责节目制作和展览的更新，以及资料的收集和分析等。教学部门负责开展各种科学普及活动以及学会工作。另外，为了方便游人，有些场馆还设有颇具特色的餐厅，餐厅中悬挂着天文图片等饰品。像姬路科学馆就设有这样一个星子馆餐厅。各个馆大多设有礼品部，出售天文书籍、图片、明信片、星图、手工制作的玩具等小纪念品，甚至还有仿制的太空食品等。

日本天文馆的工作人员一般只有十几个人，有的只有几个人。拿姬路科学馆来说，该馆拥有一个直径27米的太空剧场、2,500平方米的展览厅、350件展品，还有一个分离的子建筑，依山而建，内设天文台和餐厅等。这样规模的馆只有12名工作人员。而大阪科学馆这样的大馆有50多人，就算多的了。

天文馆的节目

日本天文馆的天象仪，96%以上都是五藤光学研究所和美能达天象仪公司的产品。天文馆主要的节目也由这两家公司制作。有时天文馆提供节目的脚本，交天象仪公司来完成。一般每个馆1年上演1~2个新节目，春、夏、秋、冬四季星空4套常规节目。另外，还特别制作一些专门配合学校课程的节目，以及配合特殊天象的节目。

日本天文馆的节目内容很丰富。节目的表演一般由两部分组成，前半部由操作员现场讲解，主要是利用天象仪介绍当天的星空和天象，下半部分放映事先录制好的节目。如丰川市中央图书馆天文馆的节目开始前，操作员利用视频投影器，将互联网上介绍和平号即将坠落于南太平洋的动画投影到圆顶上，迅速地反映了人们当前最关心的太空事件。

丰川市中央图书馆天文馆节目《超越时空》，动用了剧场内所有的设备，内容生动活泼，画面色彩艳丽，与激光的配合完美无缺，北极光的效果非常逼真，音响效果极富感染力，是最精彩的节目。

横滨儿童科学馆节目《21世纪太阳系之旅》，气势恢弘，由于安装了五藤最新的Super-Helios天象仪，可以表现7.9等以上的38,000颗星，因此，星空极其灿烂。节目使用了大量的辅助投影器和特殊效果投影器，内容详实，画面叠加效果很好，生动活泼，给人带来强烈的视觉感受。

姬路科学馆的节目也很有特色，《还我明亮的星空》介绍了人类使用灯光的历史以及灯光给星空观测造成的影响，表达了人们渴望看到自然星空的心情。该馆为了引起观众的兴趣，增加剧场的亲和力，利用学生自己创作的画儿作为节目的素材，编到节目中，或到学校拍摄学生上课的情景，做到节目里，使学生感到非常亲切，从而更容易接受知识的传播教育。

东京都葛饰区乡土天文博物馆，工作人员只有19人，可每年要上演40多个节目！该馆的公共节目，全部自己出脚本，由美能达公司制作，其他四季星空的节目和为学龄前儿童准备的节目多为自己制作。在观众座椅上有选择按钮，让观众选择节目内容和回答天文问题，取得了非常好的效果。

天文馆的展览

日本天文馆的展览大多都有自己的主题，由于许多馆都是综合馆，所以也有其他方面的内容。展览多用实物和模型，并且许多都是观众可以动手参与亲身体验的。

横滨儿童科学馆的展览主要为可触摸、操作和体验的展品。展览的主题“太空与横滨”。展览分为5层，面积1,360平方米。5层是太空船长室，4层是太空发现室，3层是太空培训室，2层是太空实验室，1层是特别展览室。地下2层是太空工厂，有手工工作室、教室等。一进入科学馆的大厅，迎面看见的是巨大的白色圆形空间站。实际上这艘空间站模型只有四分之一圆，它位于大厅的一角，利用两面墙上镜子的反射，巧妙地形成一个完整的悬浮在空中的太空城，使人产生出梦幻般的感觉。先乘电梯上到5层然后逐层向下参观。5层主要介绍宇宙的知识和宇宙航行的知识，这里有可以看到内部光路结构的各种望远镜，通过望远镜可以观察到背景上的天体。通过太阳真空望远镜投影出的太

▲横滨儿童科学馆天文馆

▲大阪市立科学馆

▼福井县儿童科学馆

▲横滨儿童科学馆内的空间站模型，观众在此可以充分体验太空生活

阳图像，可以观察太阳黑子和表面活动。在1、3、5层楼梯口，分别有3个卡通模型，上面安装有电脑触摸屏介绍地球以外太空生命的探索。

大阪市立科学馆的前身是大阪市立电气科学馆，始建于1937年。它是第一个在亚洲使用了德国蔡司的天象仪的天文馆，该天象仪于1989年退役，至今仍陈列在剧场的门口。展厅共4层，面积为3,156平方米，有170件展品，能够动手参与的展品占70%以上。

葛饰区乡土天文博物馆展品的特点是精致，它以天文和当地历史、乡土风情为主要展示内容，主要展示了天文学的历史。馆中有一件巨大的古代天文仪器的模型：第谷·布拉赫时代的大型天文仪器。还有1台太阳真空望远镜，围绕着投影到馆内的太阳像，做了一系列有关太阳的展览。

佐久市儿童未来馆，是一个面向21世纪的儿童科学馆。主题为宇宙、地球和生命进化。展览内容包括地球，水和大气，生命和生物，人和天体、宇宙开发、未来等几个方面。展品非常新颖，其中月球重力体验、巨大的航天飞机模型等，从多视角介绍了太空探测的历史，非常适合孩子们参与，启发他们的心智。

福井县儿童科学馆的整体建设很有特色，建筑造型别具一格。开阔的空间和别开生面的展品使人印象深刻。该馆位于日本的西北海岸，该馆的主题是风和能源，目的在于培养儿童对于宇宙和科学的理解，展览中的真空实验室用3种装置可以确认真空中沸点的温度和声音的传播方式。月球基地展区表现月面行走和机器人在月面的情景等。日本第一个进入太空的宇航员毛利卫是该馆的名誉馆长。

天文馆的管理

日本天文馆多由政府和企业支持，地区的教育委员会组成财团法人机构，监督天文馆的财政支出，并管理天文馆的运营。每个馆的建设在20亿~80亿日元，年度支出1.5亿~2.5亿日元。

姬路科学馆的第一任馆长就曾担任姬路市教育局局长，因此该馆多以学生教育为主，一年中有指定的几天优惠或免费接待观众。大阪市立科学馆的资金来源由门票、基金会利息和市财政拨款三部分组成。每个馆在第二年都会就上一年的财政支出做出年报并公开。日本天文馆非常重视普及活动的开展。每个馆都有自己的爱好者学会，定期组织活动进行交流。同时，还举办各种讲座、培训和天象观测等。另外，日本的天文馆大多设有自己的网站，即宣传了自己，也是普及天文知识，还促进了与爱好者之间的交流。

▲佐久市儿童未来馆

启示

日本天文馆受到政府大力支持，得到市民的热情关注，各场馆注重自己的特点，最大限度地发挥天文普及教育的功能。

日本是继美国之后的第二个天文馆大国。由于有雄厚的经济基础，又是一个非常重视教育的国家，因此日本在公益事业的建设方面有较大的投资。日本有自己的天象仪生产厂家，他们的产品除了占据了日本的市场，还在世界的天象仪市场占据了1/3的份额。由于天文馆的普及，促进了日本业余天文事业的蓬勃发展。日本的流星、彗星和小行星观测是世界上首屈一指的。日本空间探测技术的发展，以及日本宇航员进入太空这一事实，更激发了国民对太空的向往，反过来对天文馆提出了更高的要求，也极大地促进了天文馆事业的发展。

▲姬路科学馆

面向21世纪的纽约新海登天文馆

罗斯地球和空间中心的建成，是美国自然历史博物馆130年历史上最值得骄傲的事件之一。这个占地3万平方米，高7层楼的展览和研究设施，耗资2.1亿美元。看上去是一个直径27米的球体悬浮在30米见方的玻璃幕墙立方体中。它拥有一个壮观的新海登天文馆，刘易斯B和桃乐茜·柯尔曼宇宙厅，以及地球厅（该厅于1999年6月12日开幕），当然也有展览、研究和教育空间，以及观众休息区。

▲罗斯地球和空间中心外景

新海登天文馆

罗斯地球和空间中心中间的球体就是新海登天文馆，海登球体的上半球是用现有的最现代化技术装备的太空剧场，拥有世界同类设备中最为先进的系统，它能将观众带到宇宙的任何地方。太空剧场的直径为21米，有429个围绕天象仪环型排列的座位。剧场使用目前视觉效果最好的蔡司9型光导纤维天象仪和SGI数字圆顶投影系统，创造出一个空前的光怪陆离的激动人心的表演，引领观众“飞”进遥远的太空。这个高分辨率的系统使海登天文馆成为世界上功能最强大的模拟虚拟现实天文馆。

蔡司9型天象仪在原来8型的基础上，改进了银河投影器，除去太阳系的其他行星和太阳月亮外，还增加了天王星、海王星、冥王星几个肉眼看不到的行星投影器。它可以投影出9,100颗恒星，每一颗星都是由一根光导纤维通过光学镜头投影在天幕上的，因而产生出明亮、清晰和真实的星空。数字圆顶投影系统由7个视频投影器和一个SGI超级计算机Onyx2构成，它由28个处理器以串联的方式进行节目表演，它的存储量为2,000GB，并同时对14GB的数据进行处理，相当于运行200台台式计算机。这个系统构成的数字圆顶可以产生高分辨率的三维电脑图象，它可以根据实际的天文数据重新创建星系。这些数据来自NASA和欧洲空间局，博物馆利用这些数据可以重现我们的银河系。

▲恢弘的太空剧场

为了丰富节目的表演，剧场中心还配备有一个Omniscan全天域彩色激光表演系统，它能投影出色彩亮丽的图象，和一个“2PI”全天域幻灯投影系统。这两个设备和天象仪全都安装在剧场的中心平台上，通过降低平台可以创造出更大的剧场空间。一个先进的空间音响系统可以控制声音移动的方向，加深了观众对运动物体的体验。副低音喇叭连线接到每一个座位，在节目开始时可以产生一个振动和“起飞”的感觉。太空剧场的开馆节目是“进入宇宙的护照”，由得过两次奥斯卡金像奖的汤姆·汉克斯担任录音讲解。

大球的下半部分是一个“大爆炸剧场”，在那儿，游人将被带到时间和空间开始的地方。一个直径14米、2.4米深的半球，上面覆盖了1.5米宽的玻璃地板。观众可以站在地板上中间直径11米的护栏旁，向下看到模拟大爆炸的场景。激光、各种灯光、发光二极管，配上著名影星朱迪·福斯特生动的录音讲解和环绕立体声音响效果，使观众体验到一个戏剧性的、百感交集的宇宙第一时刻。

哈里特和罗伯特·赫伯恩宇宙通道

哈里特和罗伯特·赫伯恩宇宙通道带领游人穿越130亿年宇宙进化的倾斜步行道（按年代排列的宇宙进化过程），继续一个令人畏惧而又充满诱惑的旅行。环绕了海登球体一周半的赫伯恩宇宙通道，长110米，上面的13个标志代表了每10亿年。从通道的入口开始，不论孩子还是成人，都可以测量每跨出的一步相当跨跃了多少百万年，平均每一步大约走过了七千五百万年的宇宙进化过程。在走道旁边，是利用图像、模型和实物等展现的对应的宇宙年代事件。在这里，记录人类历史持续的时间只有一根头发丝那么宽！

刘易斯 B 和桃乐茜 · 柯尔曼宇宙厅

柯尔曼宇宙大厅阐述现代天体物理学的惊人发现，审视诸如此类的问题：宇宙怎样进化，形成星云、恒星和行星的？构成我们身体的原子怎样在宇宙事件中被创造出来？在哪儿有来自生命的必须的物质？等等。

为了表现不同的主题，大厅分成宇宙区、银河系区、恒星区和行星区。在宇宙区，游人可以通过模型了解黑洞形成的原理。在临近的小剧场放映的录像，传达了在一个黑洞附近，重力的极端的力量和时间与空间的弯曲。银河系区播放着两个星系碰撞的录像，恒星区是一个完整的恒星爆发形成超新星的罕见场景。行星区有Willamette陨石，一个15,500千克重的太阳系遗物，游人可以观看和触摸这块古老的宇宙碎片。

一个直径1米的封闭玻璃球，里面是自己维持的生长环境，叫做“生态球”。另一个是“天文公报”电子屏幕。“生态球”将探索宇宙中哪儿存在着生命以及为此我们怎样进行研究。最新的图像、新闻和来自空间的事件，包括一系列正在执行的空间使命，都可作出电子“天文公报”在一个高清晰度的大屏幕显示。

宇宙比例模型展览

在罗斯地球和空间中心的二层，沿着玻璃幕墙的内壁，有一圈122米长的走道，充分利用了直径27米的海登球体，从宏观的宇宙到微小的亚原子，形象地说明了宇宙中物体的相对尺寸。通过展板和交互式计算机终端，以及走道上方悬挂的行星、恒星和银河系的模型（包括一个2.7米的木星和一个5米光环的土星），向观众介绍了银河系、恒星、行星和原子的比例大小。如果把中间的大球体看作太阳，相对于它的地球模型只有0.254米大，观众可以看到，在太阳里面可以装下100万个以上的地球。另外，还可以通过球体和比例模型显示其他的科学事实。如果把球体看作一个雨滴，那么一个雨滴的模型就相当于一个血红细胞；如果把球体看作一个血红细胞，那么一个模型就相当于一个鼻病毒；如果把球体看作一个鼻病毒，那么一个模型就相当于一个氢原子。

高特斯曼地球厅

面积820平方米的高特斯曼地球厅，是罗斯地球和空间中心第一个对公众开放的展厅。地球厅的展出内容有5个主题：地球是怎样演化的？为什么会形成海洋盆地、陆地和山脉？我们能从岩石中“读”到什么？气候形成和气候变化的原因是什么？为什么地球适于居住？

从世界各地采集的岩石样品摆放在大厅周围，一共有令人目瞪口呆的168件收藏的样品和11个根据原大小按比例制作的模型，这其中有从维苏威火山、大峡谷和瑞士的阿尔卑斯山等地区搜集的样品。在大厅的一些稀有标本中，可以找到来自太平洋海底的硫化喷射物，来自格陵兰的115,000年前的冰心化石的复制品。播放地球事件的电子墙对于地震、火山和大气等全球性动态事件作深层次报道。位于电子墙底部的触摸屏计算机可以提供事件的背景信息。贯穿大厅的其他迷人的展品包括一个可以触摸的青铜铸造的月球。“地球的声音”声谱播放器，用于比较地球火山喷发和地震的威力。

罗斯地球和空间中心的建设经费主要来自个人捐助和海登基金会，财政支出由政府机构提供。所有的设施和项目均用主要赞助人的名字命名。罗斯中心的公共支持已经由

▼赫伯恩宇宙通道

▲悬挂在玻璃幕墙和球体之间的按比例制作的木星和土星模型

纽约州、纽约市、市长办公室、纽约市议会和发言人，以及曼哈顿行政长官办公室提供。节目和教育支出由 NASA 提供。

气势宏大的建筑，现代化的太空剧场设备，标新立异、内容丰富的展览，这一切使海登天文馆成为有史以来最先进的天文馆，可以毫不夸张地说，海登天文馆属于21世纪。

罗斯地球和空间中心的出现，使世界天文馆的发展进入了一个崭新的阶段。先进的计算机技术和高分辨率的视频投影组成的数字圆顶系统，成为太空剧场的新主角。数字圆顶的出现大大简化了天文馆复杂的放映系统，它取代了大多数独立的特殊效果投影器、视频投影和球幕电影，而且具有全新的模拟虚拟现实的视觉效果。光学天象仪、数字圆顶、激光系统以及音响系统，构成现代化太空剧场的主要表演设备。随着计算机技术的不断发展，未来的天文馆将走向数字化并更富于娱乐性。

▲高特斯曼地球展厅

集科研和科普于一身的英国国家空间中心

英国中部的小城莱斯特有一座令当地人引以为豪的标志性建筑，那就是英国国家空间中心。由英国千年委员会资助的英国国家空间中心是一个可以提供激动人心的体验及独特的空间科学研究和教育场所。这座极具想象力的建筑把真正的太空设备、交互式展览和一座崭新的天文馆融为一体，将参观者从地球带到遥远的太空。

▼英国国家空间中心的主体建筑火箭塔

英国国家空间中心从1996年9月开始设计，2001年6月竣工，建筑面积7,200平方米，塔高41米。在经过4年的建设之后开幕，空间中心每周开放6天，通常每天接待2,000人。

空间中心主要由一座太空剧场和5个主题展（即“进入太空”“探索宇宙”“行星”“旋转的地球”和“现时太空”）以及一个挑战者学习中心组成。这里有价值1,100万英镑的各类人工制品，从巨大的火箭、太空舱和宇航服到通讯耳机和真正的太空食品。蓝带火箭是从利物浦博物馆长期租借的，阿波罗的燃料电池从史密森研究院租借，还有来自欧洲和俄国的航天器，其中俄罗斯联盟号飞船的太空舱引人注目地悬挂在入口处。

怎样才能成为一名宇航员？在太空怎样如厕、吃饭或呼吸？人们到底在太空做什么？观众可以在空间中心了解未来的国际空间站，可以发现在进入太空之后所有空间站联合组装的硬件和技术。火箭塔内包含了空间中心的最大火箭、太空飞船复制品和壮观的卫星画廊。但这并不是设于火箭塔内的主题展的全部。

太空剧场为观众特别提供了一种全新的体验，你可能会发现自己已经飞出太阳系，来到另一颗与太阳相似的恒星的世界，接着飞越银河系，漫游早期的宇宙，探索黑洞的奥秘。也许你沉浸在日全食时黑太阳的惊异景色之中，或者能看到地球海洋深处的海底。

位于正方形主建筑的中心的太空剧场，使用的是美国Spitz公司制作的电子天空（ElectricSky）交互式表演系统，它可以使观众利用座椅上的按键参与节目的表演，并且可以在屏幕上看到效果。制作人员使用用户工具和软件在一个视频工作站上编制节目。太空剧场还引进了Spitz公司的1,024天象仪表演星空，以及环绕立体声音响和一个全天域激光表演系统。

上演的三个经典节目非常值得一看：《SETI》，搜寻地外智能的节目（25分钟）；《BIG》，关于宇宙的尺度的节目（20分钟）；《Sunshine》，专为5岁以下的儿童和年轻的父母准备的节目（30分钟），用可爱的动画介绍白天的太阳和夜晚的星星。

空间中心一个与众不同的地方就是将空间科学研究置身于开放的公共设施中。空间科学研究所就建在空间中心的主建筑里。当你正在展厅和太空剧场中娱乐的时候，空间科学研究所有60多位空间科学家和天文学家在幕后工作，制造通往太空的设备，准备提供所有最新消息。资料和真实的研究故事引起人们的注意，研究所为重要的科学工作提供设备；第一个是研究深空的CATSAT探测器，它于2001年底发射升空，是莱斯特和新罕布什尔大学的学生研制和控制的，它是NASA计划的一部分。访客通过“现时太空”回廊可以直接进入这些程序，并通过回廊的窗户观看科学家工作。

▲空间中心展示的联盟号太空船

▲2012年1月26日，太空剧场被命名为帕特里克·摩尔爵士天文馆，图为著名天文学家摩尔爵士为天文馆揭幕

太空剧场座无虚席

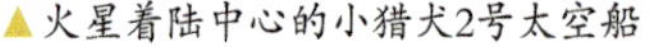

▲火星着陆中心的小猎犬2号太空船

▲空间中心的行星展厅

现时太空

这是一个新闻发布中心，提供天象信息和最新的太空新闻，在大屏幕上进行实况转播和临时的示范。

位于主建筑旁的挑战者学习中心，是第一个在北美洲以外建立的此类设施。1986年，美国“挑战者号”航天飞机失事之后，为纪念失事的宇航员，鼓励和培养更多的年轻人对太空探索的好奇心，美国许多科学中心和天文馆都建立了挑战者学习中心，为学生提供了解空间站的宇航员和在任务控制中心工作的科学家的机会。

▲参加挑战者学习中心团队的学员们在模拟太空舱中难掩兴奋之情

◀从小立志飞上太空的少年

英国国家空间中心，是提高公众对空间科学兴趣的一个催化剂。它结合了一个国际标准的展览会场和一个新的优秀的莱斯特大学的附属研究和教育中心，赢得了享有声望的旅行团奖。

英国的新国宝——格拉斯哥科学中心

英国格拉斯哥科学中心（Glasgow Science Center，缩写GSC）是英国千年委员会的项目，它总耗资7,500万英镑（包括建筑经费3,277万英镑），其中千年委员会以“促进科学和技术”为目的，资助了3,592.5万英镑，其余费用来自欧洲地区发展基金、苏格兰格拉斯哥企业、格拉斯哥市议会等机构。1999年1月开始建设，2001年春天完工。目前是英国规模最大的科学中心，它拥有许多探索我们周围世界的展览，这些展览揭示了科学和技术在苏格兰西部和格拉斯哥的发展以及未来所扮演的重要角色。2001年7月5日开幕时，英国女王亲自莅临剪彩。

超现代建筑物

毗邻克莱德河的格拉斯哥市从渔村发展成商港，现是苏格兰第一大城市。格拉斯哥是塞尔特语的“Glas Cu”，即“亲亲绿草地”之意，它确实是全欧洲拥有最多绿地的城市。格拉斯哥科学中心就矗立在克莱德河畔。三座银色的超现代建筑物——IMAX剧场、科学城（Science Mall）和格拉斯哥塔（Glasgow Tower）有机地结合起来，构成一个总体。它的金属钛外壳显得异常夺目。从外观看，它也像是科学中心的展品，体现了创新的、实验的和科学的服务功能、建筑结构和尽可能的完美。格拉斯哥科学中心是英国第一座、欧洲第二座安装了这种未来派外壳的公共设施（欧洲只有西班牙北部港口城市毕尔巴鄂的古根海姆博物馆也用钛做外壳），现已经成为格拉斯哥码头地区的标志性建筑。

IMAX剧场是苏格兰第一家IMAX剧场，是科学中心最早开幕的剧场。其建筑造型古怪可爱，外观像是一只穿山甲。它使用了世界上最大和最好的电影系统，拥有80×60英尺的超大屏幕，可以放映2D/3D的影片，每次可容纳370位观众，放映的影片有《埃及之谜》（Mysteries of Egypt）、《海豚》》（Dolphins）、《蓝色星球》（Blue Planet）与

《尖叫之旅》（Trill Ride）等。

格拉斯哥塔是一座高100米的圆柱型塔，外观颇像火箭发射台，号称是世界上第一座可以360度旋转的高塔，塔底是一间未来世界画廊，以多媒体方式表现格拉斯哥的过去与未来。游客只要2分钟就可以登上高塔的塔顶，这座惊险刺激的玻璃电梯由于运作与当初的设计不同，基于安全考虑，才开放不久便又关门整修，格拉斯哥塔目前因为安全的因素关闭维修。

格拉斯哥塔旁边是该中心最主要的建筑——占地10,500平方米的科学城。它像一弯细长的月牙，守侯在克莱德河畔。这里是大小朋友的最爱，分布在3个主要楼层的300个可以动手参与的交互式的展项，为观众提供了新奇和新知，让人不断惊呼世界真奇妙，使游客得以穿梭于现在与未来、玩耍在现实与想象中。这里最引以自豪的还有一座天文馆——苏格兰动力太空剧场，两个剧场——多媒体剧剧场和虚拟现实科学剧场，以及实验室、办公室和制作室。在一层有通往IMAX影院和格拉思哥塔的出口。特氟纶材料覆盖了天花板，波浪般的玻璃机构连接了科学中心和IMAX影院，创造出一个封闭的接待区，在那儿，通过格拉斯哥塔将“发现”频道的信号联接到科学中心。此外，还有咖啡馆、礼品店和临时展览。

交互式展览主要分布在科学城的2~4层。展览的主题有探索和发现、创造和改革、结果和影响。二层是“高能量”特点的交互式展览以及包含基本科学现象和原理的发现区。它阐述探索和发现是驱使我们追求知识的动力，主要的内容包括克莱德河、我们的感官和身体的技能、电和磁力以及星星运行的过程，也有一个给幼儿的小发现区。三层

▲在太空剧场里观看表演的儿童心花怒放

科学中心全景

的展览解释了创造力的意义和科学前沿的技术。建筑、装配、材料发现区利用成套工具和展品展示了许多关于我们这个世界，如一个60米的跑道可以测试你的创造力。这里的实验室和电子显微镜迷你实验室在管理人员的指导之下可以进行真正的实验和活动。在四层展厅，你可以发现有关你的健康、你的世界和你可能对未来不得不做出的决定。环境区包括有关可更新能量和我们对星球的责任的展览。健康和医药区包含了关于我们的身体和医药、现在和未来的展览。在这儿有关于多丽羊的故事和第一个进入太空的莱卡犬的小剧场。科学新闻发布和投票墙给你机会在离开时提出你的意见和想法。在微型实验室可以通过连接到地板的光学显微镜更近地研究材料和活动。

2002年2月开放的太空剧场是苏格兰的一个新的资源，它得到苏格兰公司50万英镑的赞助。剧场位于科学中心的二层，拥有120个座椅，目的用于教育和休闲娱乐。该剧场包括3个主要设备：①蔡司中型光导纤维天象仪Starmaster可以投影出大约9,000颗熠熠闪光的、具有真实色彩的星星，几乎可以模拟表演任何天象。观众可以看到月球表面、星系和气体星云。②Spitz电子天空投影设备，3个高质量的视频投影机在圆顶投影出一个210×60度环景彩色画面。12全天幻灯投影机在圆顶上投影出全天幕画面。③激光投影器产生的激光束，每秒钟可以移动30,000点。激光束穿过一个晶体，可以创造出30,000种不同的颜色（虽然人眼只能分辨出大约52种颜色）。太空剧场配备有全套最新的数字剧场音响设备，6声道环绕立体声音响创造出真正的身临其境的体验。这是全世界第8家电子天空剧场。

虚拟现实科学剧场

一群七八岁大的小学生，兴致勃勃地带上偏振光眼镜，来到虚拟现实科学剧场。讲解员向他们表示欢迎，观众们在长7米（23英尺）的屏幕上观看题为《机器的力量》的演出。对于节目画面强烈的三维效果，孩子们完全没有准备。他们欢呼着，有的甚至站起来伸手够他们看到的东西。讲解员带着观众在虚拟现实的三维场景中飞行，方向可以任意选择，主持人边飞边征求现场观众的意见。他们所飞越的这些场景是由世界各地的科技工作者和设计师在SGI工作站上创建出来的，有很强的沉浸感和身临其境的效果，引人入胜。这就是这座剧场的一个教育环境，它的强大功能来自SGI虚拟现实中心技术。

2002年3月6日，虚拟科研网在格拉斯哥的虚拟现实科学剧场建立。它用来帮助科技馆和科学中心用户取得最新的图形图像数据。数据来自众多的学术和工业企业的科研机构。通过它，科研人员可以让他们的工作更好地被公众了解。科学中心可以在虚拟科研网上得到科技工作前沿的最新资料，而这些资料是他们科普节目制作的好素材。剧场就位于科学城三层的一个隔音、封闭的位置。

虚拟现实科学剧场最初只有27个座位。随着它受欢迎程度的提高，观众席位增加到了35个，随后又到40个，进而又在旺季增加到50个。大英博物馆的博士在此曾经有过一场报告，题目是利用核磁共振扫描研究木乃伊，结果硬是有78个人挤了进去。

数字剧场的工作人员调研了许多种观众参与演出的途径，考虑过让观众人手一个游戏杆参与演出，或者通过按键式投票表决器进行问答等等。他们最终选定的也就是他们认为最佳的交互方式——由主持人与节目数据进行交互，主持人与现场观众通过口头的问答交流。对于小观众来说，他们一看到那些立体画面，就自动地和主持人交互起来了。数字剧场经理说："他们全都跳起来，想去摸那些立体图形。节目让孩子们兴奋不已。"格拉斯哥科学中心在出口处对离馆的观众进行了抽样调查，多数的观众将虚拟现实科学剧场评为最喜爱的项目。

格拉斯哥科学中心的目标是未来成为该地区的一个新的教育资源 。格拉斯哥塔成为格拉斯哥在新千年的灯塔，为这个城市的公众提供了新的活动空间。格拉斯哥科学中心提供了许多苏格兰从来没有的东西。该中心的负责人希望它会成为格拉斯哥城市王冠上的一个璀璨的宝石。格拉斯哥科学中心被收录到2002年英国最佳导游杂志中，成为年度最受欢迎的新景点，以及对苏格兰家庭最有吸引力的旅游目的地。在新的世纪，科学技术的发展给我们带来了新的机遇，发现和探索、创造与改革是科学中心、博物馆，也是天文馆永恒的主题。

▲蔡司中型光导纤维天象仪Starmaster

THE MAKING OF YOU
BODY WORKS
MAKING SENSE OF THE BODY

BODY
WORKS

新世纪高规格的北京天文馆新馆

北京天文馆建成于1957年，迄今已有50余年的历史。几十年来，它以自己独特的演示手段，把浩瀚宇宙中的奥秘告诉给一代又一代的观众，为我国天文科普事业做出了巨大贡献。2004年12月，浓缩了浩瀚宇宙，具有神秘而深邃气质的新馆开幕。北京天文馆包含A、B两馆，共4个科普剧场。

改建后的北京天文馆外景全貌

▲天象厅改造后重张的A馆大门，彰显出历史的厚重感

▲朱进馆长在新馆落成仪式上讲话

▲北京天文馆建馆50周年迎来大批中外游客

▲新馆入馆口的大门加入了弦理论的设计要素

天象厅A馆是我国大陆地区最大的地平式天象厅，内部设备处于世界领先水平。其中，蔡司宇宙9型光学天象仪和世界上分辨率最高的全天域数字投影系统，不仅能为场内400名观众逼真地还原地球上肉眼可见的9,000余颗恒星，还能实现虚拟天象演示、三维宇宙空间模拟、数字节目播放等多项功能。

B馆即新馆，建筑面积2万多平方米，高近30米，由地下两层和地上五层组成，朝北一面是玻璃幕墙。由于设计者将北京天文馆新馆当成了一个表现相对论、弦理论等现代天体物理学抽象理论的舞台，

▲4D剧场放映的影片效果震撼

新馆也因此成了浩瀚宇宙的缩影，具有了神秘而深邃的气质。新馆设施包括数字宇宙剧场、4D动感影院和3D动感影院、太阳观测台、大众天文台、展览厅等，它给观众带来全新的体验和感受。

与老馆的天象厅不同，数字宇宙剧场的中间没有天象仪。新的宇宙剧场直径18米，地面与水平呈15度倾角，200个座椅朝向前方，就像是在剧院一样。宇宙剧场中引进了世界上最先进的数字化天文馆设备。数字化的时实全天域激光投影系统，将6个投影器拼接成全天域的图像，在圆形的球幕剧场里创造出无与伦比的交互式的彩色画面，创造出一个空前光怪陆离的充满现实主义的激动人心的表演，引领观众“飞”进遥远的太空，置身于一个虚拟的环境里，沉浸在栩栩如生的太空世界中，是我国第一个3D数字球幕剧场。

4D剧场是一个有180度环幕的特效影院，可以播放立体电影，有200个具有特殊功能的座椅。观众在观看影片时，需带上特殊的眼镜。根据情节需要，特效座椅会产生一些如喷水、喷烟、吹风和拍腿以及轻微的振动等特殊效果。当影片中的剑齿虎向你奔来发出虎啸时，会有气流喷射到你的脸上，甚至还有几滴“口水”；当画面上出现大量的老鼠时，座椅下方也有气管和风在拍打，仿佛它们就在你的脚下。4D剧场的节目虽然只有短短的十几分钟，但却是最受欢迎的剧场之一。

▲小朋友们在火星展区尽情体验

3D动感影院是我国第一个有飞船的3D动感影院，观众可以坐进影院中的6个飞船，以6个自由度的运动方式在太空中穿梭，体验惊险刺激。由6组8基座船舱式动感座椅组成，可以产生上升下降（自由落体）、左右摇摆、左右旋转（急转弯）、前后（向银幕方，如急刹车或加速）、自转（如汽车打滑原地旋转）、上下旋转（如过山车向上爬行）等运动。该设备是世界上最先进的动感电影设备，配合精彩的影片和富有感染力的音响，会产生身临其境的乘坐宇宙飞船的惊险刺激效果。开馆节目《恐龙岛》深受观众喜爱，有的小朋友要连着看好几遍。

2014年5月，为了扩大影院的接待能力，3D动感影院拆除了飞船，改为116座，建成小巨幕影院。影院除了可以放映3D电影，还可以举行讲座或者报告会。

太阳观测台引进了国内第一架口径达300毫米的太阳真空望远镜，专门用于观测和展示太阳大气中光球层、色球层的物理特征及活动现象，观测和展示太阳光谱。它将太阳的像通过特殊的通道传输到展厅，每天直播太阳的现场“演出”，观众将可以看到太阳黑子、光斑、耀斑等太阳的每一点细小变化，亲眼见识太阳风暴的爆发。观众通过对这些特征和现象的观察，有助于全面深刻地认识太阳。

大众天文台安装了一架400毫米折反射天文望远镜，主要用于夜间天体的目视、照相、电视显示、CCD及其它接收器（分光仪、滤光器）的观测，可以观测月亮、行星、彗星、恒星、星云星团和双星等。通过对上述天体的观测，并辅以实验教学活动，有助于提高观众和青少年天文爱好者对宇宙自然现象的直观了解和认识水平。

新馆的展厅面积有3,000多平方米，主要有太阳展区、小行星展区和太阳系展览等。在太阳展区，观众可以观看实时的太阳白光像、太阳的光谱，可以观察太阳的日珥和黑子，还可以亲手画黑子。在小行星展区，可以看到珍贵的陨石，以及来自阿波罗17号飞行任务的一小块0.5克的月球岩石。

新的宇宙畅游展览由陨石部落、月球漫步、太阳家族、星座显形、宇宙之谜、挑战岛和宇宙风景7个展区组成，在展项设计上将直观演示与交互体验相结合，通过趣味化、故事化的方式将知识内容一一呈现，在抽象的空间内营造出登陆月球、遨游太空和探索宇宙的氛围，全方位传达了天文基础及前沿动态。

天文馆是形象化地向人们传授天文知识，使公众理解科学的重要的科学文化设施。北京天文馆新馆建设工程是北京市政府的重点工程项目，现已成为一座新型的现代化科学场馆。

▼小学生们兴致勃勃地观察傅科摆，了解地球自转

| 英国格林尼治天文台 |

天文学是一门以观测天象为研究基础的科学，天文台是专业天文学家进行天文观测的地方。自伽利略首开用望远镜观天之后，望远镜就成为了天文学家手中最有力的观测设备。

1675年，英国国王查理二世决定在伦敦市郊的格林尼治建设皇家天文台。天文台坐落在可以俯瞰泰晤士河的一座小山上，当时的主要工作是编制星表，确定恒星的位置，以便能正确地测量地球上一个地点的经度，提高航海导航的精度。17世纪的英国已经成为“日不落帝国”，航海事业发展很快。因为地理纬度相对地容易测量，而测定所在位置的地理经度，就成了在茫茫无际、缺乏参照物的大海上航行时的一项十分困难但又极其重要的工作。后来，为了更精确地测定海上某个位置的经度，天文学家于1851年建议，将通过格林尼治天文台的一台艾里中星仪基座的直线确定为全球的零度经线。1884年，在华盛顿召开的国际经度会议确认，以通过格林尼治天文台艾里中星仪基座的经线作为全球时间和经度的标准参考线，称为“零度经线”或“本初子午线”。此后，世界各国均以这条线作为地理经度的起点，也都以格林尼治天文台作为“世界时区”的起点。

然而，从20世纪初叶起，因为城市的发展，格林尼治天文台已不适于进行精密的天文观测，天文观测仪器被陆续迁往它处。1948年，很多天文仪器迁往了位于英国东南沿海的苏塞克斯郡的赫斯特蒙苏堡的新天文台址。现在，格林尼治天文台已是一个博物馆，庭院地面上展示着零度经线标志，室内陈列着早期的天文仪器和时钟，每天来自世界各地的参观者络绎不绝。

▲在伦敦近郊的格林尼治天文台

因为不像确定纬度零点那样，可以“自然地”将地球赤道确定为纬度的零点，在理论上任何一条经

▲格林尼治天文台入口处的台标 ©温亚媛

线都可以确定为零度经线（本初子午线），所以在历史上曾对零度经线的确定曾有过不少争端。1851年，负责领导格林尼治天文台的英国“皇家天文学家”乔治·艾里 (Sir George Airy)设置了一台中星仪（后来这台仪器就叫做“艾里中星仪”），并以此确定格林威治子午线。因为在当时世界上超过三分之二的航船已使用该线为零度子午线，1884年，在美国华盛顿特区举行的国际经度大会上正式将通过格林尼治天文台的经线确定为经度的零点。有来自25个国家共41位代表参与了会议，法国代表在投票时弃权。一直到1911年，法国仍然以通过巴黎的经线作为经度起点。

乔治·艾里担任英国“皇家天文学家”长达45年，一直到他在80岁退休的时候。艾里在天文学上有不少贡献。但是艾里又是一位倍受争议的历史人物，被一些人看作是一个狂妄自负和独断专行的人。1845年10月23日，仅27岁的青年天文学家亚当斯把自己预测海王星运行轨道的计算结果交给了艾里，然而艾里却对这位青年人辛辛苦苦得来的结果毫无兴趣，简单地翻阅之后便信手搁起，不再问津。直到1846年9月23日，德国柏林天文台的天文学家加勒，按法国天文学家勒威耶提供的数据，通过望远镜观测发现了太阳系第八行星——海王星，艾里这时才大吃一惊，想起了被他束之高阁的亚当斯的计算结果。艾里后来公布了亚当斯的计算演算结果，然而他本人却因为延误发现海王星这一重大失误，受到英国科学界同行的严厉指责。艾里的这一失误也引发了“到底是法国人还是英国人率先发现了海王星”的历史纷争，这场争议的影响一直延续到现代。

▲格林尼治天文台内景和参观者 ©赵复垣

法国的著名天文台

法国巴黎天文台于1667年由国王路易十四决定建设，1671年完工，在时间上早于1675年始建的英国格林尼治皇家天文台。1679年，巴黎天文台出版了世界上第一部天文年历，并且成功地利用木星卫星掩食方法测定了在大洋中的船舶位置的经度。1913年，巴黎天文台在埃菲尔铁塔架设天线，接收到了来自大西洋彼岸的从美国海军天文台发出的无线电信号，第一次精确测定了两地的经度差。

巴黎天文台在巴黎近郊的墨东以及南赛等地建有观测基地。墨东天文台在巴黎西南郊林木茂密的墨东台地，这里曾是皇家禁苑，1874年被选为天文台址。墨东天文台有33英寸（约83厘米）口径折射望远镜，1891年建成，曾经是欧洲最重要的大型天文望远镜。在南赛天文台安装有射电望远镜。巴黎天文台首任台长是著名天文学家G.D.卡西尼，19世纪中叶发现海王星的勒维耶也曾任巴黎天文台台长。

卡西尼(1625—1712)生于意大利佩里纳尔多，早年在热那亚等地求学，后担任博洛尼亚大学天文学教授近20年。卡西尼年轻时曾经痴迷于占星术，他的貌似渊博的占星知识曾使他颇有名望，前来访求者络绎不绝。但是，作为天文学家的他后来写文章指出，占星术预测并不可信。1664年，卡西尼观测到木星卫星影凌木星现象，由此开始研究木星及木卫的公转与自转。他观测了木星表面的纹带和大红斑，并正确地解释它们是木星表面的大气现象；他指出木星的外形是扁球圆状的。1666年，卡西尼测定火星自转周期为24小时40分，误差仅3分。1669年起卡西尼在巴黎皇家科学院工作，1671年巴黎天文台落成，卡西尼担任第一任台长。在巴黎天文台，卡西尼发现了土星的４颗卫星：土卫三、土卫四、土卫五和土卫八。在此前的1655年惠更斯已经发现了土卫六。1675年，卡西尼发现土星光环中间有一条暗缝，现在就称为卡西尼缝；他正确地指出土星光环是由无数微小颗粒构成的。卡西尼发现了木星赤道自转得比两极快，由此发现了木星较差自转。卡西尼还研究了黄道光，认为黄道光是由细微的行星际微粒反射太阳光形成的，而不是地球大气现象。

卡西尼还是一位水利方面的专家，曾经主持防汛工程。为纪念卡西尼，美国NASA、欧洲空间局、意大利空间局联合研制，于1997年10月发射的的土星探测器“卡西尼号”，就是以他的名字命名的。但是卡西尼在基础理论方面具有十分保守的倾向，他不承认哥白尼的日心说，也反对开普勒行星运动定律，甚至否认牛顿的万有引力定律。

勒威耶（1811—1877），毕业于巴黎工艺学校，曾从事化学实验工作，1837年始任巴黎工艺学校天文教师，并研究天体力学，两度出任巴黎天文台台长。1845年，依照当时的巴黎天文台台长阿喇果的建议，还是天文学教师的勒威耶开始研究天王星运动“反常”问题。勒威耶利用天王星的观测资料，应用万有引力定律求解数学方程，于1846年8月计算出对天王星起摄动作用的未知行星的轨道和质量，并且预测了未知行星的位置。他将结果呈送给法国科学院，但是没有引起其他天文学家的重视。德国柏林天文台的天文学家J.G.伽勒却很关注勒维耶的结果。1846年9月18日，伽勒在收到勒威耶信件的当天晚上，仅用一个半小时，就在偏离勒威耶预言的位置不远处观测到了这颗未知行星。当时人们把这颗星称为勒威耶星，而勒威耶建议将其冠名为海王星。海王星的发现也是对牛顿万有引力定律的一次验证。

▲从墨东天文台鸟瞰巴黎市区

德国柏林天文台

德国柏林的第一个天文台建于1711年，那时德意志还未统一，柏林是勃兰登堡大公国的首都，天文台就建在今天的多萝西大街。天文学家伽勒发现海王星时所在的是柏林天文台的第二个台址，位于今天的克罗伊茨贝格区的林登大街，建于1835年。

1913年，柏林天文台迁址到巴伯斯贝格，那里安装了耶那的蔡司光学厂制造的65厘米折射望远镜，1924年又安装了1.2米口径的反射望远镜，当时那是世界第二大口径的天文光学望远镜。现在，使用柏林天文台巴伯斯贝格台址的是莱布尼兹天体物理研究所。著名天文学家波得、恩克等都曾经担任柏林天文台台长。

波得1747年出生于德国汉堡，1785年至1825年期间，波得任柏林天文台台长。担任柏林天文台台长后，波得致力于改善天文台的装备，使柏林天文台成为当时世界最先进

▲1846年伽勒发现海王星时的柏林天文台，在今天的克罗伊茨贝格区林登大街

的天文台。1781 年赫歇耳发现太阳系里的一颗新行星，波得建议把它冠名为天王星。波得发现了旋涡星系M81，这个星系就被叫做“波得星系”。

1766 年，德国人提丢斯提出了一个关于太阳系行星轨道半径的定则，1772年波得进一步研究了这个定则并予以发表，后人就称之为“提丢斯－波得定则”。这个定则说，一个数列：0，3，6，12，24，48，96……在每个数上加4，再用10 来除得到一个商，就是以日地距离（约1.5亿公里）的倍数表示的各大行星与太阳之间的近似距离。例如，水星是0.39倍，金星是 0.72倍，地球是1.0倍，火星是1.52倍，小行星带是2.8倍，木星是5.21倍，土星是9.58倍，天王星是19.6倍等。提丢斯－波得定则发表的时候，还没有发现天王星，1781 年赫歇耳发现了天王星，它几乎正好就位于这个定则给出的距离上，天文学家们对此感到十分惊奇。然而后来发生的事情是，海王星与太阳之间的距离与定则给出的数值不太符合，但是有的卫星与它附属的行星之间的距离，似乎也存在类似提丢斯－波得定则的规律性。总之，这个定则曾使得波得名声斐然。但是这个定则只是一个经验法则，并不具有严格的科学性，所以在现代天文学中已无人关注。月球上的一座环形山以及第998号小行星，都以波得之名字命名，以纪念这位有重要贡献的天文学家。

恩克于1791年出生于汉堡，曾是著名数学家高斯的学生。他的工作涉及彗星和小行星的轨道计算，土星的观测等，是一位卓有建树的天文学家。以他的名字命名的有月面环形山、小行星（9134号）、彗星等。

▲河外星系M 81

美国的著名天文台

叶凯士天文台

叶凯士天文台于1897年建成,坐落于威斯康辛州威廉斯湾，海拔334米。芝加哥的实业家叶凯士倾囊资助建设了天文台和一架1米口径的折射望远镜，天文学家海耳是首任台长。1米折射式望远镜由著名光学专家克拉克设计制造，在此之后，由于进一步增大折射望远镜的口径在技术上极为困难，人们致力于制造大口径反射式望远镜，不再发展大口径折射望远镜，直到现在，这台1米望远镜依然是世界最大的折射望远镜。许多最著名的天文学家，如哈勃、巴纳德、钱德拉塞卡等，都曾经在叶凯士天文台工作。

叶凯士1837年出生在宾夕法尼亚州费城附近。1892年，在天文学家海尔的游说之下，在芝加哥致富的叶凯士同意出资30万美元，捐献给芝加哥大学，用以建设天文台

▲ 叶凯士天文台 ©uchigago

▲河外星系NGC4258（M106），在猎犬座内，是一个很活跃的星系，其中充满恒星和星际气体©Gendler

和直径1米的折射望远镜。

1926年留学美国的中国青年张钰哲从芝加哥大学毕业后，在叶凯士天文台用中星仪从事纬度测定。同时攻读硕士学位，获学位后，继续在叶凯士天文台从事小行星和彗星的观测及轨道计算。1928年11月22日晚，张钰哲发现了一颗小行星，经15个寒夜的连续观测和轨道推算，证实这是一颗新发现的小行星，这是第一颗由中国人发现的小行星。经张钰哲建议，这颗编号为1125号的小行星就命名为“中华”。

▲中国天文学家张钰哲

小贴士

张钰哲（1902—1987），生于福建闽侯。1919年考入清华学堂。后赴美学习，先后进入康奈尔大学和芝加哥大学，毕业后到叶凯士天文台工作，1929年获博士学位。回国后任中央研究院天文研究所所长，新中国成立后任紫金山天文台台长。

威尔逊山天文台

1904年，在富商慈善家卡耐基的慷慨资助下，天文学家海尔主持建成了威尔逊山天文台，海尔任首任台长。该天文台位于加利福尼亚州帕萨迪纳附近的威尔逊山，海拔1,742米，拥有口径2.5米的胡克望远镜和口径为1.5米的反射望远镜。1917年 2.5米的胡克望远镜建成。在此后30年中，胡克望远镜一直是世界最大口径的光学天文望远镜。

著名天文学家哈勃在威尔逊山天文台使用胡克望远镜，取得了他一生中最重大的天文学成就，他确认了“仙女座星云”是独立于银河系之外的天体，是数千万颗像太阳这样的恒星的集合体，应该叫做“仙女座星系”。他还发现，许多所谓的“星云”实际上都是银河系之外的星系。哈勃还通过星系光谱的红移现象证明，绝大多数星系正在远离我们运动，宇宙正在膨胀。发现河外星系和宇宙膨胀是天文学和人类对宇宙认识的历史性重大进展。

1896年，海尔的实业家父亲为他购置了一块直径1.5米的玻璃，约有20厘米厚，重860千克，镜面于1905年开始研磨，一直持续了两年，望远镜的支撑系统是在旧金山加工的。1908年底，1.5米反射望远镜建成，它是当时世界上最大的望远镜，可以进行恒星的光谱、光度、视差等不同种类的观测。1992年，天文学家对这台望远镜进行了改造，安

▲威尔逊山天文台

▲仙女座星系（M31），天气好时肉眼可见，银河系的近邻，第一个被确认的河外星系

装了早期的自适应光学系统，其空间分辨率从约1.0角秒提高到0.07角秒。

威尔逊山天文台建成后，海尔希望配置更大口径的望远镜，得益于洛杉矶富商胡克的资助，1917年底，2.5米的胡克望远镜开始使用。为了望远镜平稳运行，胡克望远镜的液压系统使用了液态水银。1919年，迈克尔逊在这台望远镜里安装了干涉仪，用这台仪器可以精确地测量少数近距离恒星的圆面直径，这是光学干涉技术在天文学上的首次应用。哈勃使用2.5米胡克望远镜确定了许多“星云”实际

▲美国天文学家哈勃

小贴士

哈勃（Edwin Powell Hubble，1889—1953），美国天文学家，出生于密苏里州，1906年进入芝加哥大学，受天文学家海尔的影响开始学习天文学。1910年赴英国牛津大学进修法律，1913年回到美国肯塔基州做职业律师，后返回芝加哥大学学习天文学，1914年到叶凯士天文台，1917年获博士学位。1919年起，在威尔逊山天文台工作。哈勃确认了在银河系之外存在着河外星系，发现了星系的红移—距离关系，从而促进了全新的现代宇宙学诞生，使人类对宇宙的认识发生了一次彻底变革。哈勃被誉为20世纪最伟大的天文学家。

上是在我们银河系之外的极其遥远的河外星系，而且他根据星系光谱的红移确认了宇宙正在膨胀。

威尔逊山天文台的高度将近1,800米，科学家们在这里意外地发现了大气的逆温层现象。按一般的规律，随着高度的上升，温度会随之线性地下降。然而在威尔逊山天文台，人们却发现了随高度提高温度不降反升的现象。逆温层带来的大气稳定，倒是很有利于天文观测。

帕洛马山天文台

帕洛马山天文台于1928年建成，帕洛马山在加利福尼亚州圣地亚哥东北80千米，距洛杉矶145千米，海拔1,712米。当时，由于附近的洛杉矶城市发展，威尔逊山天文台的天文观测受到不利影响，海尔又推动建设了帕洛马山天文台。洛克菲勒基金会为建设帕洛玛山天文台慷慨捐资，于1934年开始建造口径为5米的反射望远镜，1948年6月望远镜落成。5米望远镜镜筒长17米，加上机械部分，望远镜可转动部分重量达到500多吨，在此后数十年中，它一直是世界上口径最大的反射式光学天文望远镜。为纪念海尔，人们将5米望远镜命名为海尔望远镜。凭借5米望远镜的强大集光力，人类探索到了更深邃的宇宙，在星系的形成与演化、宇宙年龄与结构、类星体的发现等方面，5米望远镜都产生了丰硕的科学成果。此外，帕洛玛山天文台还有1.86米/1.22米口径的施密特广角望远镜，使用这台望远镜的观测资料编纂、出版的著名“帕洛玛天图”，为各国天文学家所使用。

▲帕洛马山天文台5米海尔望远镜圆顶室

小贴士

海尔(George Ellery Hale，1868—1938)，美国天文学家，出生于芝加哥，父亲是经营电梯公司的实业家。海尔曾就读于麻省理工学院和哈佛大学，是一位太阳物理学家。与众不同的是，海尔还是一位著名的科学项目组织者和活动家，他致力于和擅长为天文学发展向社会人士游说和筹集经费，曾促成了4台著名望远镜的建造和3个大型天文台的建立，为美国天文事业做出了历史性贡献。其中包括迄今安装着世界最大口径的1米折射望远镜的叶凯士天文台、威尔逊山天文台，以及帕洛马山天文台。1928年，海尔获得洛克菲勒基金会600万美元捐款，推动兴建帕洛马山天文台并安装口径5米的反射望远镜。在威尔逊山天文台工作期间，他以“伯乐”的慧眼，聘用了哈勃和沙普利这两位后来成就卓著的天文学家。

▲天文学家海尔在工作中

▼球状星团NGC7078（M15），在飞马座　©HST- NASA- ESA

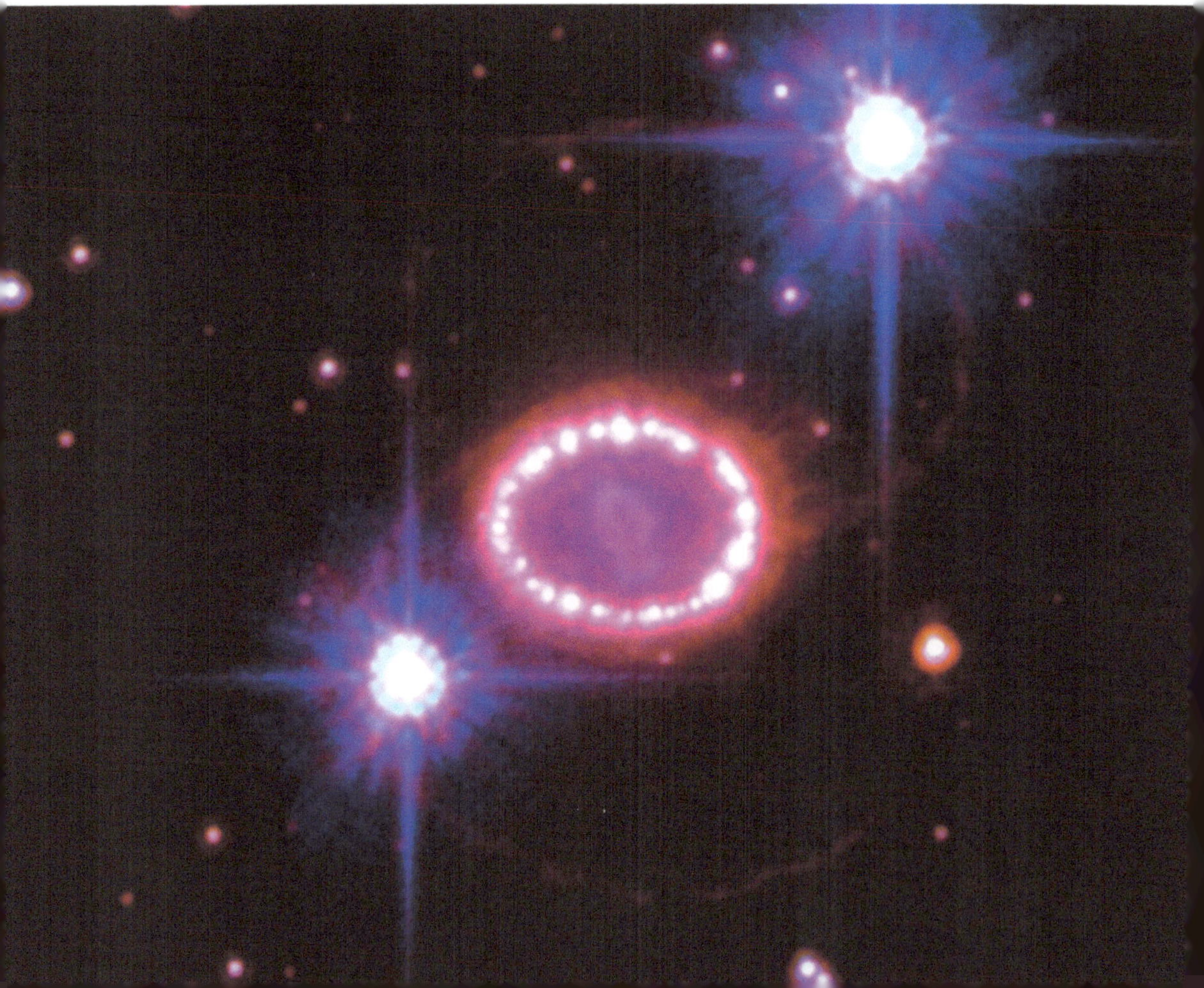

基特峰天文台

基特峰天文台位于美国亚利桑那州图森市西南90千米的基特峰峰顶，海拔2,096米，1957年建成，是美国国家光学天文台下属天文台之一。主要设备有4米口径的梅耶尔望远镜、3.5米口径的维恩望远镜，以及口径分别为2.1米、1.3米的反射式望远镜等。1973年4米望远镜正式启用，以曾于20世纪60年代担任台长的梅耶尔的名字命名。1994年，装备了主动光学和自适应光学系统的维恩望远镜启用，标志着进入了新技术望远镜的时代。 这里还有世界上最大的太阳望远镜——麦克梅斯-皮尔斯太阳塔。太阳塔的光路长达240米，太阳光沿与地面成32度倾角的通道反射下来，通道的一部分处于地表之下，直径1.52米的凹面反射镜将太阳光聚焦成直径76厘米的太阳像。

美国国家光学天文台总部位于美国亚利桑那州的图森市。由基特峰国立天文台和在智利托洛洛山的泛美天文台（CTIO）等机构组成，美国国家科学基金会资助。美国国家光学天文台致力于开展专门的天文教育与公众交流活动，例如设立公众信息部负责向新闻媒体和公众发布消息，设立“公众拓展中心”接待大学生和教师进行研究与实践，还开展了“亚利桑那暗夜与节能”“暗夜巡游者”“夜晚的地球”“小望远镜下的天文学普及”等活动。

▲美国国立基特峰天文台，太阳塔后面的最高圆顶内是4米口径梅耶尔望远镜

▲侧向星系NGC891，在仙女座内　©Sheri Loftin, KPNO

小贴士

光学天文望远镜是用于天文观测的光学望远镜，工作于电磁波谱的可见光波段，意大利科学家伽利略于1609年最早使用。天文望远镜经历了折射式、反射式、折反式、拼合镜面反射式等阶段。大型折射望远镜一般都有很长的镜筒，而大型反射望远镜一般只有支撑主镜和副镜的镜架，没有镜筒。世界最大的折射镜是美国叶凯士天文台的主镜口径1米的望远镜，建成于1897年。目前最大的单镜面反射望远镜是日本安装在夏威夷莫纳克亚天文台的昴星团望远镜，主镜口径8.3米。最大的拼合镜面反射望远镜是美、意、德等国安装在美国亚利桑那州格雷汉姆山天文台的大双筒望远镜，拼合后主镜口径11.9米。施密特光学望远镜属于折反式，由反射主镜和透射的改正镜组成，优点是可以获得较大的视场，这种望远镜由上世纪初的德国光学家本哈德·施密特发明。中国国家天文台4米口径的郭守敬望远镜（LAMOST）是使用了创新技术的施密特式望远镜。

▲鹈鹕星云，在天鹅座内，由气体和尘埃组成　©KPNO

美国格林班克（绿岸）射电天文台

位于西弗吉尼亚州的格林班克（绿岸）天文台，属美国国家射电天文台 (NRAO)的一部分，建设于上世纪50年代。2000年，这里安装了全新的伯德绿岸射电望远镜（GBT），名称来自已故参议员罗伯特•伯德。GBT高约146米，口径为110米×100米，巨大反射面由2004块金属板拼合而成，每一块都由独立的电机来驱动，由于使用了高度自动化的镜面控制调整系统，它可以自动地进行补偿，使望远镜旋转到不同角度时因重力引起的复杂形变减到最小，保证拼合后的镜面是理想抛物面，以达到最优的聚焦性能。望远镜由地平转轨和高度转动轴来支撑，以保证望远镜可以指向地平线高5度以上的任何天空方向。圆型水平轮轨直径为64米，望远镜的主反射面是非对称表面，馈源臂采用了无遮挡设计。望远镜的面精度可达0.25毫米，指向精度可达2.7角秒。

伯德绿岸射电望远镜工作波长范围是3 毫米到1米，科学研究目标包括月球表面、脉冲星引力波探测、银河系中的水分子搜索等。

科学家使用这架望远镜在球状星团M62里发现了新的毫秒级脉冲星，在猎户座分子云里发现了螺旋状磁场，还发现了23,000光年之外的蛇夫座超级“气泡”。目前，伯德绿岸射电望远镜与德国的埃菲斯堡的100米口径射电望远镜并列为世界最大的可跟踪式射

▲格林班克（绿岸）射电天文台和100米口径射电望远镜

电望远镜。

绿岸所在的地区是美国唯一的射电宁静区。美国于1958年规定，为了射电望远镜能够在不受干扰的条件下正常工作，在射电宁静区内禁止无线电发射。于是，这个原来在一个山脚下的农场偏僻之地就成为了射电天文台的所在地。

新墨西哥州甚大天线阵

甚大天线阵是由27台25米口径的天线组成的射电望远镜阵列，位于新墨西哥州索科

小贴士

工作于电磁波谱的无线电波段，用来接收天体的射电信号（无线电波）的天线，就是射电望远镜。在上世纪30年代的美国，央斯基通过简陋的天线偶然地发现了来自银河系的射电波，这是最早的射电天文观测。雷伯设计了第一台专门用于天文观测的抛物面反射式射电望远镜。在第二次世界大战中，雷达技术因战争需求有了极大的发展，英国人通过雷达偶然发现了来自太阳的强烈射电信号。现在，可跟踪式单面射电望远镜口径达到100米，固定式单面射电望远镜口径达到300米，多面射电望远镜干涉阵列和基线长达数千公里的干涉观测等设备和方法也方兴未艾。中国正在建设中的“500米口径球面射电望远镜”（FAST），拼合镜面口径达500米。

▲棒旋星系NGC1300，在波江座内 ©NASA-ESA

罗县的圣阿古斯丁平原上，始建于上世纪70年代，隶属于美国国家射电天文台。目前，除了单面射电望远镜之外，由一系列单面天线组成的综合口径射电望远镜阵列技术也有了极大的发展。甚大天线阵是世界上最大的综合孔径射电望远镜，每个天线重230吨，架设在铁轨上，可以移动，所有天线呈Y形分布排列，其中两个臂长21千米，另一个臂长20千米，组合成的最长基线可达36千米。天线阵工作于6个波段，频率从 74 MHz 到 50 GHz；在0.7厘米波段上最高分辨率可以达到0.05角秒，这已经可以与大型光学望远镜的分辨率相匹敌。这样高的分辨率得益于射电干涉技术，就原理来说，干涉基线越长，得到的分辨率越高。甚大天线阵可以用來观测多种天文学目标，包括射电星系、类星体、脉冲星、超新星遗迹、伽马射线爆发等，天文学家使用甚大天线阵做出了一系列重要的发现，如银河系内的微类星体、遥远星系周围的爱因斯坦环、伽玛射线暴的射电波段对应体等。1989年，甚大天线阵曾经被用来接收已经飞到遥远的海王星附近的“旅行者2号”飞船发回的无线电信号。2013年，通过甚大天线阵的观测数据，天文学家发现了一个距离地球128亿光年之外的恒星形成区，它位于一个遥远星系中，在那里，每年时间中大约能够形成3,000个类似太阳的恒星。

▲新墨西哥州甚大天线阵 ©nrao

夏威夷莫纳克亚天文台

位于太平洋腹地的夏威夷群岛是由历史上的火山活动而形成的，包括8个大岛和124个小岛，绵延两千多千米。这里大洋一望无际，气候温和宜人，岛上植被丰茂。夏威夷群岛于1959年成为美国第五十个州。

莫纳克亚（Mauna Kea）天文台,坐落在夏威夷群岛大岛上的莫纳克亚山顶，海拔高度4,205米。莫纳克亚山是一座死火山，也是夏威夷群岛的最高峰。因为这里具备了几乎是地球上最好的天文观测条件，自上世纪60年代起开始建设天文台。目前，莫纳克亚天文台集中了一批世界最大的光学望远镜，其中有美国的两台口径10米的凯克望远镜（凯克I和凯克II），分别于1990年和1996年建成，采用了拼合镜面和主动光学技术；日本的8.3米昴星团（Subaru）望远镜，目前是最大的单镜面望远镜，使用了主动光学和自适应光学技术，可用于光学和红外波段的观测；美、英、加、澳等国合作的8.1米北双子望远镜，1999年建成，主镜为薄镜面，观测的分辨率达到了0.08角秒（它的“孪生兄弟”南双子望远镜安装在南半球的智利）；还有在20世纪的天文学研究中做出过重要贡献、成像品质优良的3.6米口径加拿大-法国-夏威夷望远镜，3.8米的联合王国红外望远镜（UKIRT），3.2米的美国宇航局红外望远镜（IRTF）等。正在研制中的新一代世界最大的地面光学望远镜，30米口径的TMT望远镜等也将安装在这里。莫纳克亚山天文台将进一步成为世界级的天文观测中心。

▲远眺夏威夷莫纳克亚天文台

▲莫纳克亚天文台凯克I和凯克II两台望远镜的圆顶室

▼螺旋星云NGC7293，在水瓶座内，由在莫纳克亚天文台的加拿大-法国-夏威夷望远镜拍摄 ©CFHT

俄罗斯特殊天体物理天文台

俄罗斯科学院特殊天体物理天文台建于里海和黑海之间、北高加索地区的帕丘克夫峰上，海拔高度2,070米。1975年，主镜6米的大地平反射望远镜（BTA）安装在这里。大地平反射望远镜主结构质量达到数百吨，地平式的主结构使其比更常见的赤道式结构大为简化，但是对跟踪控制提出了更高的要求。直到1993年在夏威夷莫纳克亚山天文台的凯克I望远镜问世之前，这台大地平反射望远镜一直保持着世界最大口径光学望远镜的声誉。但是已经发表的基于这台望远镜观测资料的一流科学成果不是很多，因此它的质量和以及天文台台址观测条件一直受到西方天文学家的质疑。在这座天文台里还有两台

▲俄罗斯特殊天体物理天文台6米口径大地平反射望远镜圆顶

较小的望远镜，都产自德国的卡尔·蔡司光学厂。近年来，大地平反射望远镜的附属设备实现了电脑控制的自动化，也可以进行远程操作，天文学家在这里工作和生活的条件较前也方便、舒适得多了。这里还已成为一个旅游景点，也有国际科学会议在这里召开。

▼风车星系（M101），在大熊座内　©Gendler

欧洲南方天文台

1962年10月，德国、法国、比利时、荷兰、瑞典五国在巴黎签署协议，决定在南半球建立欧洲南方天文台（ESO），后来丹麦、意大利、英国、西班牙、巴西等国陆续加入。欧洲南方天文台的总部设在慕尼黑市郊的喀兴。欧洲南方天文台选定智利北部的阿塔卡玛沙漠地区作为观测站址，迄今在这个地区已经建立了3个国际一流的观测站，分别位于拉西拉（La Silla）、帕瑞纳（Paranal）和查南托（Chajnantor）。阿塔卡马沙漠地区气候异常干燥，红沙遍野，植被稀少，却具备了地球上最好的天文观测条件。现在这3个观测站都已装备了大型的天文望远镜。欧南台的一个最新计划是在阿塔卡马沙漠地区建造世界最大的“欧洲特大天文望远镜”（简称为E-ELT），它的口径将达42米。欧洲南方天文台设立了教育与公众拓展部，专门负责天文学普及，工作范围包括接待公众和新闻媒体，编辑、出版文字和视频、图像资料等。在一些与天文学有关的重大事件出现时都发布消息，每周都向社会公布公众感兴趣的天文事件和故事，发布《每周一图》，内容是本台的大望远镜拍摄的精彩天文图像。

拉西拉观测站

欧洲南方天文台拉西拉（LaSilla）观测站，在智利首都圣地亚哥以北约600千米，海拔高度2,400米，1969年建成。1976年安装了3.6米光学望远镜，1984年德国马克斯·普朗克研究所2.2米口径望远镜落成，1987年瑞典15米口径亚毫米波射电望远镜落成，1989年3.5米新技术望远镜落成。其中，3.6米望远镜配备附属折轴望远镜和高性能光谱仪，可以用视向速度方法来搜索地外行星。3.5米新技术望远镜则是世界上第一个使用现代主动光学技术的光学望远镜，其主镜表面形状可以在计算机控制下实时地进行微调，以改正因为大气扰动形成的成像畸变，因此可以得到更清晰、分辨率更高的图像。

▲拉西拉观测站的望远镜群 ©ESO

帕瑞纳观测站

欧洲南方天文台帕瑞纳（Paranal）观测站距离海岸线仅约12千米，海拔2,632米，于1999年建成启用。这里的主要设备是4台8.2米口径的甚大望远镜（VLT）以及若干台辅助望远镜，它们可以组成甚大望远镜干涉仪（VLTI），也可以单独进行观测。这里还有直径4米的可见光和红外巡天望远镜、2.5米的VLT巡天望远镜。8.2米的VLT使用了包括主动光学等最新望远镜技术，加之大口径的主镜，曝光1小时可以观测暗至30星等的目标，在以干涉仪方式观测时，可以获得相当于一台200米口径望远镜的分辨率。

▲马头星云，是一团黑暗的气体和尘埃，在猎户座内 ©ESO

▲河外星系NGC4321 (M100)，在后发座内，其中至少已发现5次超新星爆发　©ESO

▼帕瑞纳观测站鸟瞰　©ESO

▲河外星系NGC6872，在南天的孔雀座，是一个巨大的棒旋星系　©ESO

查南托观测站

欧洲南方天文台查南托（Llano de Chajnantor Observatory）观测站，海拔5,104米。2003年开始建设，2011年部分望远镜建成并开始观测。这里的Atacama大毫米波和亚毫米波列阵(ALMA)，是欧南台以及美、加等国合作建造，由66架12米或7米口径的单面望远镜组成，工作于毫米波和亚毫米波段。在毫米波段（波长 1～10毫米）和亚毫米波段（波长为0.45～1毫米），可以研究宇宙中的低温目标。迄今已在毫米波段发现50多种星际分子的300多条谱线，以及少量亚毫米波段的宇宙分子的谱线。

▲查南托观测站的ALMA 观测阵列　©ESO

▲红外光里的仙女座星系（M31），它是银河系的近邻星系

小贴士

在电磁波谱中，毫米波和亚毫米波的波长介乎于无线电波和远红外线之间，虽然天体的辐射覆盖了这个波段，但这个波段的天文观测起步相对较晚。观测毫米波和亚毫米波波段对天体演化的研究具有重要意义。在智利查南托天文台的阿卡塔玛大毫米波和亚毫米波列阵是这类望远镜的代表。中国的紫金山天文台在青海德令哈观测站安装了毫米波望远镜。

澳大利亚赛丁泉天文台

澳大利亚位于地球的南半球，对于观测天球的南天区内的天体具有得天独厚的优势，所以已有数台先进的望远镜安装在澳大利亚，如在20世纪70年代落成的英国-澳大利亚合作的英澳望远镜。赛丁泉天文台位于澳大利亚新南威尔士州瓦伦本哥国家公园的赛丁泉山，海拔高度1,165米，目前有10多架望远镜坐落在此。其中有上述的3.9米口径英澳望远镜、大视场的1.24米英国施密特望远镜、2米口径的南福克斯望远镜等。3.9米英澳望远镜和1.24米英国施密特望远镜均为20世纪70年代建造。施密特望远镜有很大的视场，可以快速地巡天观测较大的天区，在发现值得研究的天体之后，再由3.9米英澳望远镜这种虽然视场小但集光力非常强的大口径望远镜进行更详细的观测，所以这两台望远镜可以相得益彰地配合观测研究。

▲澳大利亚天文台　©AAO

▲在澳大利亚的64米口径帕克斯射电望远镜

帕克斯射电天文台在澳大利亚新南威尔士州帕克斯市以北约20千米处，口径64米的帕克斯射电望远镜建成于1961年，是南半球最大的射电望远镜之一，在1969年7月曾经被用来接收和转播阿波罗11号载人登月实况。2001年8月24日晚，有一种强大的宇宙射电信号到达地球，帕克斯射电望远镜恰好面对着合适的方向，捕捉到了这个信号，但是因为其持续时间极其短促，天文学家们都没有注意到这个信号。数年之后，当一位研究生非常仔细地查看帕克斯望远镜的观测资料时，才发现了这个极明亮的脉冲。它不仅明亮，还覆盖很宽的频段，并且低频部分有显著的延迟。通过计算可知，这个信号来自大约30亿光年之外。这是人类第一次发现宇宙快速射电暴。

▲南天银河里的半人马座“南门”二星和南十字座

中国科学院国家天文台

新中国成立后的1958年，一位留学和生活在法国长达32年、获法国国家博士学位、曾经担任法国上普罗旺斯天文台副台长的学者回到了中国后，受命负责组建了北京天文台，他就是程茂兰先生。程茂兰1905年生于河北省博野县的一个农民家庭，1924年毕业于河北省保定第六中学，毕业后参加设在北京市北安河的留法勤工俭学预备班。1925年秋出发前往法国，他白天在工厂打工，晚上到夜校补习法语和数理基础。1929年秋进入雷蒙大学数理系学习，1932年秋天获得学士学位，1934年获得里昂大学硕士学位，1939年获得法国国家数学科学博士学位。毕业后，鉴于当时中国国内的战乱环境，程茂兰进入法国里昂天文台和上普罗旺斯天文台工作。他在远离城市的环境中进行天文观测，在夜天光光谱、共生星、彗星和气体星云等领域进行了有成效的研究。二战中的法兰西，

▲在北京的国家天文台总部

物资匮乏，民不聊生，程茂兰就在天文台开荒种地，种植粮食和蔬菜，以补充不足。程茂兰曾利用天文台独有的偏僻环境，大力帮助过法国的抗德游击队，为他们提供零时庇护所、情报和食物等；他热心地保护了一位逃亡的著名犹太天文学家，并与之成为好友。程茂兰先生是天文学家中的“拉贝”或“辛德勒”。程茂兰于1957年7月经瑞士返回祖国，1958年初被任命为北京天文台筹备处主任，后就任北京天文台第一任台长。

中国人在北京观天的历史，至少可以追溯到公元1279年，那时元代的天文学家郭守敬在今天的建国门附近建立了“司天台”。现在，北京天文台已并入中国科学院国家天文台。除在北京的总部以外，国家天文台在北京附近的密云、怀柔和河北兴隆等地建有观测站。天文观测站的主要工作是专业的天文观测以及研究，同时兼有向社会公众普及天文科学知识的功能。每年，国家天文台的观测站都接待大量的社会各界参观者，其中很多是青少年学生。

怀柔观测站和太阳磁场望远镜

国家天文台怀柔太阳物理观测站建在水色山光的怀柔水库北岸。因为靠近大面积水体，水体在环境温度变化时可以吸收或释放热量，这样就对温度变化起到了一种“缓冲”作用，使得大气的宁静度相对较好，有利于太阳观测的高清晰度成像。太阳是距地球最近、与人类和其他生物基本生存息息相关的恒星，研究太阳历来是天文学的重要内容。太阳磁场望远镜是中国科学家的一项创新，多通道太阳磁场望远镜能同时测量太阳上不同层次、不同尺度的磁场、速度场，以及通过光谱扫描获得光谱线轮廓和斯托克斯参数轮廓，是具有国际领先水平的太阳望远镜之一，主要用于基础太阳物理，太阳活动区物理和太阳活动对日地空间影响的研究。

小贴士

程茂兰（1905-1978），中国天文学家，生于河北博野。1925年在北京北安河留法预备班学习后赴法国勤工俭学，在里昂大学获硕士学位。之后，在里昂天文台工作，1939年获博士学位。1957年回国参加北京天文台的筹建，任北京天文台台长，主持了兴隆天文观测站的选址和建设。

▲中国天文学家程茂兰

▲怀柔太阳观测站的观测塔和多通道太阳磁场望远镜

▼2010年3月出现的太阳日珥，在极紫外波段拍摄　©NASA- SDO

▲国家天文台密云观测站的50米口径射电天线

兴隆观测站

国家天文台兴隆观测站，建在河北兴隆县城东偏南约10千米的一座山峰上，海拔960米。站内有北梁和南梁两道山梁，站外有松林拥簇。这里原来地名为“连营寨”，相传为清初绿林好汉窦尔敦等的聚义之所。20世纪60年代，程茂兰等老一代天文学家不辞劳苦，踏遍太行、燕山山脉，行程两万余里，最终选在这里建设中国北方的光学天文观测基地。目前这里安装有郭守敬望远镜（大天区面积多目标光纤光谱天文望远镜，LAMOST）、2.16米光学望远镜、1.26米红外望远镜、60/90厘米施密特望远镜等，形成了一个光学望远镜群。

望远镜的设计者们经常遇到的一个难题是，在保证成像质量的前提下，望远镜的口径大，视场往往只能做得很小，而大视场的望远镜其口径又难以做得很大。郭守敬望远镜的设计者们以独特的思路解决了这样的难题。郭守敬望远镜视场为5度，是横卧于南北方向的反射式施密特望远镜，2008年正式落成。因为应用了先进的主动光学技术来控制独创的反射改正板，使它成为大口径兼大视场光学望远镜的世界之最。郭守敬望远镜的光学系统包括6.5米×6米的球面主镜（由37块球面子镜拼接而成），5.7 米×4.4米的反射施密特改正镜（由24块六角形平面子镜拼接而成）和焦面系统三个部分。焦面上有可自动定位的4,000根光纤，后端连接16台光谱仪，可同时观测多至4,000个天体的光谱。 目前它是世界上光谱获取率最高的地面望远镜。

▲国家天文台兴隆站郭守敬望远镜观测室外景

▲金牛座里的昴星团（M45，七姐妹星团）

中国科学院南京紫金山天文台

1929年，孙中山先生组织的同盟会会员、曾任中央观象台台长、中央研究院天文研究所第一任所长的高鲁，向蔡元培推荐余青松主持紫金山天文台的建设，并继任天文研究所所长。余青松果然不负重托，主持建成了当时东亚第一流的紫金山天文台，继而又建成昆明凤凰山天文台。余青松1897年生于福建同安，1918年毕业于清华学堂的留美预备班， 1922年在匹兹堡大学学习天文学和数学，1925年在加利福尼亚大学获哲学博士学位，他在恒星光谱和光谱分类研究方面对恒星物理学做出了里程碑式的贡献，后被聘为英国皇家天文学会的第一位中国会员。余青松接任天文研究所第二任所长后，开始着手创建紫金山天文台的工作，历时五载，天文台的建设工程基本峻工。

紫金山天文台位于南京市郊紫金山第三峰上，初于1934年9月建成，是中国建立的第一个现代天文台，被誉为“中国现代天文学的摇篮”。天文台由中西合璧的建筑群组成，有大赤道仪室、小赤道仪室、变星仪室和子午仪室等建筑，装备了蔡司60厘米反射望远镜、20厘米折射望远镜、观测太阳的15厘米天体照相仪，后来增置色球望远镜、定

▲早期的紫金山天文台

▲紫金山天文台盱眙观测站近地天体望远镜圆顶室 ©赵复垣

天镜、双筒折射望远镜、施密特望远镜和射电望远镜等，进行恒星、小行星、彗星和人造卫星的观测与研究，太阳常规观测和太阳活动研究，并作太阳活动预报。紫金山天文台是中国权威历算机构，负责编算和出版每年的《中国天文年历》《航海天文历》等。近年，紫金山天文台在青海德令哈、江苏盱眙、江苏赣榆、云南姚安等地建立了观测站。同时还设立了天文历史博物馆和陈列古代天文仪器的参观区，向社会公众开放，是国家级文物保护单位和重要科普教育基地。

▲一颗太阳系中的小行星 ©NASA

▲中国天文学家余青松

小贴士

余青松（1897—1978），生于福建同安。毕业于清华学堂留美预备班，后赴美学习，在里克天文台获博士学位。1927年回国，任中央研究院天文研究所所长。1947年后到美国哈佛大学天文台工作，1955年后任胡德学院教授、威廉斯天文台台长。他主持创建了南京紫金山天文台和昆明凤凰山天文台，并担任第一任台长。

▲紫金山天文台青海德令哈观测站毫米波望远镜室　©刘晓群

▲船底座内的一个发射星云　©NASA-ESA

编后记

本书天文台部分由赵复垣编写，李元提供大量资料并若干修改意见；天文馆部分的许多文章选自《天文爱好者》各期和《天文馆爱好者》2007年增刊（天文馆专刊），陈丹和郭霞参与了专刊的撰稿和编辑，特此说明并致谢。

www.ingramcontent.com/pod-product-compliance
Ingram Content Group UK Ltd.
Pitfield, Milton Keynes, MK11 3LW, UK
UKHW061028310726
14090UKWH00027B/361

* 9 7 8 7 1 1 5 4 3 7 8 0 8 *